U0858279

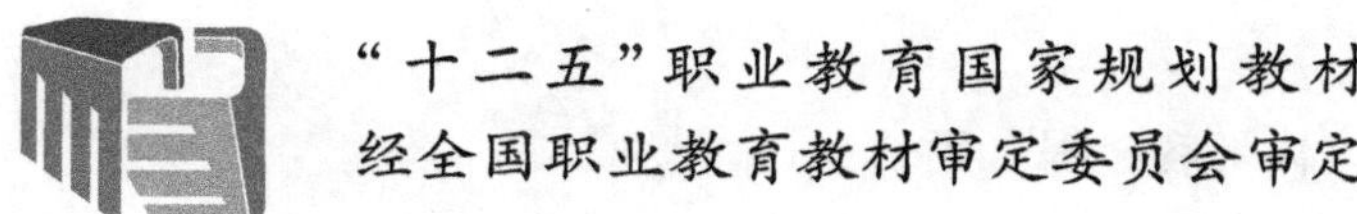

Jidian Baohu yu Erci Huilu

继电保护与二次回路

杨　洁　**主　编**

李一平　迟美丹　**副主编**

刘惠英　**主　审**

人民交通出版社股份有限公司
China Communications Press Co.,Ltd.

内 容 提 要

本书为“十二五”职业教育国家规划教材，在编写过程中结合我国目前城市轨道交通供电系统的具体情况和实践经验，全面介绍了继电保护与二次回路的基础知识、继电保护原理、城市轨道交通中压供电网络系统保护、直流牵引供电系统保护、低压系统保护、二次回路图的读图方法，并以某实际运营线路为例，详细说明了典型的二次回路图的识读。最后，结合编者多年的实践教学经验，编写了实训内容。全书注重理论与实际的紧密结合，贴近现场发展趋势，对微机保护装置的结构和工作原理以及城市轨道交通供电系统特有的保护原理做了重点介绍。阐述原理通俗易懂，并引入了实际案例，注重讲练结合。

本书可作为高职、中职院校城市轨道交通供电专业的教材，也可作为牵引供电工程技术人员或城市轨道交通供电行业继电保护与二次回路运行维护人员的岗位培训教材或参考用书。

*** 本书配有多媒体助教课件，教师可通过加入职教轨道教学研讨群（QQ 群：129327355）索取。**

图书在版编目（CIP）数据

继电保护与二次回路 / 杨洁主编. —北京：人民交通出版社股份有限公司，2016.2

“十二五”职业教育国家规划教材

ISBN 978-7-114-12730-4

Ⅰ.①继… Ⅱ.①杨… Ⅲ.①继电保护—高等职业教育—教材 ②二次系统—高等职业教育—教材 Ⅳ.①TM77 ②TM645.2

中国版本图书馆 CIP 数据核字(2016)第 007474 号

“十二五”职业教育国家规划教材

书　　名：继电保护与二次回路
著 作 者：杨　洁
责任编辑：刘　倩　李　娜
出版发行：人民交通出版社股份有限公司
地　　址：(100011)北京市朝阳区安定门外外馆斜街 3 号
网　　址：http://www.ccpress.com.cn
销售电话：(010)59757973
总 经 销：人民交通出版社股份有限公司发行部
经　　销：各地新华书店
印　　刷：北京虎彩文化传播有限公司
开　　本：787 × 1092　1/16
印　　张：9.25
字　　数：210 千
版　　次：2016 年 2 月　第 1 版
印　　次：2019 年 1 月　第 2 次印刷
书　　号：ISBN 978-7-114-12730-4
定　　价：28.00 元

前言

QIANYAN

本书对城市轨道交通供电系统的继电保护原理与二次回路基础知识进行了全面、详细的阐述。全书紧扣职业教育的培养目标,在系统阐述基础理论知识的前提下,采用实际图纸和案例进行说明,突出逻辑分析,以提高学生独立分析问题和解决问题的能力。

全书共分10个单元。单元1继电保护基础知识,在详细阐述电力系统的故障和不正常运行状态的基础上,讲解了继电保护的作用、基本要求、基本原理和保护装置的组成,并介绍了继电保护的分类。单元2继电保护装置常用元件,介绍了电磁型继电器的结构和工作原理以及几种常用电磁型继电器、微机保护装置的结构和工作原理,并阐明了微机保护和电磁型保护的区别与联系。该单元大量采用实际设备图片,力求给读者以直观的认识。单元3常用继电保护工作原理,主要讲解了电流保护、电压保护、纵联差动保护的工作原理、接线、保护范围等知识。单元4城市轨道交通中压系统保护,讲述了中压系统保护的配置、配合和联锁闭锁关系。该单元以典型中压系统保护配置为例,讲解了中压系统保护的配置原则和相互之间的配合,并根据变电站实际图纸讲解了故障后的保护动作情况。单元5城市轨道交通直流牵引供电系统保护,阐明了牵引整流机组继电保护和直流母线和牵引网的保护,对DDL保护、框架保护、钢轨电位限制装置、双边联跳等城市轨道交通供电系统特有的保护工作原理进行了详细的阐述,说明了变电站直流牵引供电系统的保护配置及其联锁闭锁关系。单元6城市轨道交通低压系统保护,以典型低压保护配置为例,介绍了低压系统保护配置情况,并结合实例分析了低压系统的电气联锁闭锁。单元7二次回路基础知识,介绍了二次回路的基本概念、任务和分类,进而说明了二次回路图的概念和常规读图方法。单元8城市轨道交通变电站的典型二次回路图，以 ABB 二次回路图为例，详细介绍了二次图纸的分类、符号意义、各元件的功能和读图方法。单元 9 二次回路故障处理，讲解了二次回路故障处理的基本原则和典型故障案例的处理方法。单元 10 实训，从教学实用性出发，以工作过程为导向，详细描述了电磁型继电器和微机保护装置的典型实训项目，通过实训，提高学生的识图能力、对继电保护原理的理解能力和安装调试能力。

本书由北京铁路电气化学校杨洁担任主编并负责全书统稿，武汉铁路职业技术学院李一平、北京铁路电气化学校迟美丹担任副主编。单元 1、3 由李一平编写，单元 2、9、10 由迟美丹编写，单元 4、6 由北京铁路电气化学校许云雅编写，单元 5、8 由杨洁编写，单元 7 由北京铁路电气化学校桑艳艳编写。北京铁路电气化学校高级讲师刘惠英担任本书主审。

本书在编写过程中得到了城市轨道交通供电部门、继电保护产品研发部门技术人员的大力支持，在此衷心表示感谢。

由于编者的水平和掌握的资料所限，书中的疏漏在所难免，恳请广大读者提出宝贵意见。

编　者

2015 年 12 月

目录

MULU

单元 1　继电保护基础知识

【知识目标】

1. 掌握继电保护的概念和作用。
2. 掌握继电保护装置的基本要求。
3. 掌握继电保护装置的原理及构成。
4. 了解继电保护的分类。

【能力目标】

能准确分析继电保护的基本要求、继电保护装置原理及组成。

【素质目标】

培养职业素养和安全意识。

单元 1.1　概　述

一、电力系统的故障和不正常运行状态

电力系统的安全稳定运行对国民经济、人民生活、社会稳定都有极其重要的影响。电力系统是由发电机、变压器、输配电线路、用电设备等电气元件组成的统一系统。这里的电气元件是一个常用术语，它泛指电力系统中各种在电气上独立看待的电气设备、线路、器具等。由于绝缘的老化或风、雪、雷电等恶劣天气的影响，设备的缺陷、设计安装和运行维护不当等原因，运行中的电气元件就可能发生故障，也可能出现不正常运行状态。因此，需要专门的技术为电力系统建立一个安全保障体系，其中最重要的专门技术就是继电保护技术。继电保护是电力系统的重要组成部分，是保证电力系统安全可靠的不可缺少的技术措施。

电力系统的工作状态分为正常运行状态、不正常运行状态和故障状态。其中正常运行状态是指电力系统正常运行时，三相的电压和电流对称或基本对称，电气元件和系统的运行参数都在允许范围内变动。

不正常运行状态是指电气元件的运行参数偏离了正常允许的工作范围，但并没有发生故障的运行状态。在变、配电及企事业用电单位中最常见的不正常运行状态有：变压器过负荷，变压器内部绕组匝间短路，电动机过负荷、低电压运行、断相运行，电气元件温度过高，中性点非直接接地电网发生的单相接地故障等。运行实践表明，不正常运行状态如不及时排

除,则可能导致故障发生。

故障状态是指电气元件发生短路、断线时的状态。最常见并且最为危险的故障是各种类型的短路,包括三相短路、两相短路、两相短路接地和中性点直接接地电网发生的单相接地短路,其中三相短路的后果最为严重。发生短路故障时,通过短路回路的短路电流要比正常运行时的负荷电流大几倍甚至几十倍。电力系统中电气元件发生短路可能引起如下后果:

(1)故障点通过很大的短路电流,此电流引起的电弧可能烧毁故障元件。

(2)电力系统中部分地区电压大量下降,用户的正常工作遭到破坏。

(3)故障元件和某些非故障元件由于通过很大的短路电流而产生热效应和电动力,使电气元件遭到破坏和损伤,从而缩短其使用寿命。

(4)各发电厂之间并列运行的稳定性遭到破坏,使电力系统产生振荡,甚至引起整个系统解列。

二、继电保护的作用

由于电力系统是一个整体,电能的生产、输送、分配和使用是同时进行的,各电气元件之间都是通过电路或者磁路联系起来的,任何一个电气元件发生故障,故障量将会很快影响到整个系统的各个部分。为此,要求在极短的时间内切除故障。通常要求切除故障的时间短到十分之几秒甚至百分之几秒,显然,在这样短的时间内由运行值班人员及时发现故障和排除故障是不可能的,这就要靠装在每个电气元件上具有保护作用的自动装置来完成。当电力系统中的电力元件如发电机、线路、变压器等发生故障,危及电力系统安全运行时,能够直接向断路器发出跳闸命令,同时向运行值班人员及时发出警报信号,以终止故障进一步扩展的自动化装置就是继电保护装置。

现代继电保护技术已将电力系统的保护、测控等多种功能集于一体,但其核心功能体现为对电力系统的保护,它的基本任务(作用)如下:

(1)当电力系统中的电气设备发生短路故障时,能自动、迅速、有选择性地将故障元件从电力系统中切除,使故障元件免于继续遭到破坏,保证其他无故障部分迅速恢复正常运行。

(2)当电力系统中的电气设备出现不正常运行状态时,根据运行维护的条件自动发出信号,通知运行值班人员处理,或自动地进行调整和消除。反映不正常工作状态的继电保护装置,一般不需要立即动作,允许带一定的延时。

由此可见,继电保护装置的主要作用是:在电力系统范围内,按指定保护区实时检测各种故障和不正常运行状态,及时采取故障隔离或警告措施,力求最大限度地向用户安全连续供电。

单元 1.2　继电保护的基本原理和继电保护装置的组成

一、继电保护的基本原理

继电保护装置要完成所承担的任务,就必须区分正常运行、故障和不正常运行之间的差别,区分保护区内故障和保护区外故障之间的差别。这些“差别”是构成各种继电保护装置的基础和依据。

在电力系统中某电气元件上发生短路时,工频电气量相对于正常运行状态会发生很大变化。如电流增大、母线电压降低、电流与电压之间的相位角会发生变化、出现负序和零序分量等。利用故障与正常运行时电气量的差别,可以构成各种作用原理的继电保护装置。

例如,根据短路时电流增大和电压降低的特征,可以分别构成电流保护和低电压保护;根据短路时电流、电压及电流、电压间相位角的变化,可以构成距离(阻抗)保护;根据变压器等电气元件发生不正常运行状态(如过负荷)时电流增大的特点,可以构成电气元件的过负荷保护等。

此外,根据电气元件的特点,还可以实现反映非电气量变化的保护。

二、继电保护装置的组成

继电保护装置虽然多种多样,但大多都由测量部分、逻辑部分和执行部分三部分组成,其原理方框图如图1-1所示。

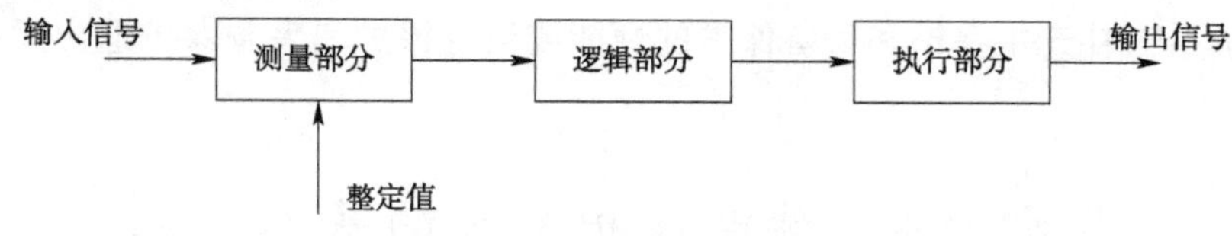

图1-1　继电保护装置原理方框图

1. 测量部分

测量被保护对象在各种工作状态下的物理量(如电流、电压、温度、压力等),并与事先设定的整定值进行比较,根据比较的结果,给出"是"、"非"、"大于"、"等于"或一组逻辑信号等,以确定是否发生了故障或不正常运行,由此判断是否应该输出相应的信号启动逻辑部分。

2. 逻辑部分

根据测量部分元件输出量的大小、性质、组合方式进行逻辑判断,判断被保护对象的运行状态,以决定保护装置是否应该由执行部分动作。

3. 执行部分

由逻辑部分判断应该动作后,执行继电保护装置所承担的任务。如故障时,执行跳闸动作;不正常工作时,发出信号;正常工作时,不动作等。

单元1.3　继电保护装置的分类

继电保护装置可以按以下方式分类:

1. 按被保护的对象分类

可分为输电线路保护、发电机保护、变压器保护、电动机保护、母线保护、电抗器保护和电容器保护等。

2. 按保护装置的保护原理分类

可分为电流保护、电压保护、距离保护、差动保护、方向保护和零序保护等。

3. 按保护装置所反应故障类型分类

可分为相间短路保护、接地故障保护、匝间短路保护、断线保护、失步保护、失磁保护和过励磁保护等。

4. 按继电保护装置的实现技术分类

可分为机电型保护(如电磁型保护和感应型保护)、整流型保护、晶体管型保护、集成电路型保护和微机型保护装置等。

5. 按保护装置所起的作用分类

可分为主保护、后备保护和辅助保护等。

主保护是满足系统稳定和设备安全要求,能以最快速度有选择地切除被保护设备和线路故障的保护。

后备保护是主保护或断路器拒动时用来切除故障的保护。又分为远后备保护和近后备保护两种。远后备保护:当主保护或断路器拒动时,由相邻电力设备或线路的保护来实现的后备保护。近后备保护:当主保护拒动时,由本电力设备或线路的另一套保护来实现后备的保护;当断路器拒动时,由断路器失灵保护来实现后备保护。

辅助保护是为补充主保护和后备保护的性能或当主保护和后备保护退出运行而增设的简单保护。

单元1.4 继电保护装置的基本要求

对于反映故障状态,作用断路器跳闸(切除故障电气设备)的继电保护装置,在技术上一般应满足四个基本要求,即选择性、速动性、灵敏性和可靠性。

一、选择性

选择性是指当电力系统中的电气元件(如发电机、线路等)或电力系统本身发生了故障危及电力系统安全运行时,保护装置仅将故障元件从电力系统中切除,尽量缩小停电范围,以保证系统中非故障部分仍能继续安全运行。

在图1-2所示的电网中,当线路WL_1上的K_1点发生短路故障时,按照选择性的要求,应该由故障线路上的保护1和保护2动作跳闸,将故障线路WL_1切除,这时变电所B仍可以由另一条非故障线路WL_2继续供电,停电线路限制在A-B线路的WL_1最小范围内。而当K_3点发生短路故障时,则应该由C-D中WL_4线路的保护6动作,使QF_6跳闸,将故障线路WL_4切除,这时只有变电所D停电。由此可见,继电保护有选择性的动作可以将停电范围限制到最小,甚至可以做到不中断对用户的供电。

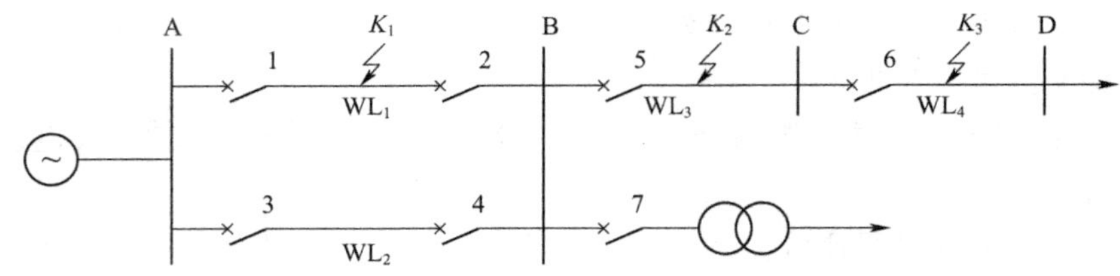

图1-2 电力系统继电保护选择性说明图

这里还必须考虑保护装置或断路器有拒绝动作的可能性,因而需要考虑后备保护的问题。如图1-2所示,当K_3点发生短路故障时,距离短路点最近的保护6应动作切除故障,但由于某种原因,该处的保护或断路器拒绝动作,故障便不能消除,但如果它前面一条线路(靠近电源侧)的保护5动作,故障也可以消除。此时保护5所起的作用就称为相邻元件的后备保护。同理,保护1和保护3又应该作为保护5和保护7的后备保护。由于按以上方式构成的后备保护是在远处实现的,因此又称为远后备保护。一般情况下,远后备保护动作切除故障时,供电中断范围会扩大。

在复杂的高压电网中,实现远后备保护有困难时,也可以采用近后备保护的方式。当本元件的主保护拒绝动作时,由本元件的另一套保护作为后备保护;当断路器拒绝动作时,由同一发电厂或变电所内的有关断路器动作,实现后备。为此,在每一个元件上应装设简单的主保护和后备保护,并装设必要的断路器失灵保护。由于这种后备保护作用是在主保护安装处实现的,因此称为近后备保护。

应当指出的是,远后备保护的性能是比较完善的,它对相邻元件的保护装置、断路器、二次回路和直流电源引起的拒绝动作,均能起到后备作用,同时实现起来较为简单经济,因此在电压较低的线路上应优先采用。

二、速动性

速动性是指电力系统中电气设备发生故障时,继电保护装置应能尽快地在最短时间内切除故障。

快速动作的目的是减少设备及用户在大电流、低电压下运行的时间,降低设备的损坏程度,提高系统并列运行的稳定性。然而,动作迅速又能满足选择性要求的保护装置,一般结构都比较复杂,价格昂贵,对于大量的中、低压电力设备,不一定都采用高速动作的保护。所以,对速动性的要求应根据电力系统的接线和被保护设备的具体情况来确定。一般来说,必须快速切除的故障有以下几种:

(1)发电厂或重要用户的母线电压低于有效值(一般为0.7倍额定电压)。

(2)大容量的发电机、变压器和电动机内部故障。

(3)中、低压线路导线截面过小,为避免过热不允许延时切除的故障。

(4)可能危及人身安全、对通信系统或铁路信号造成强烈干扰的故障。

在高压电网中,维持电力系统的暂态稳定性往往成为继电器保护快速性的决定因素,故障切除越快,暂态稳定极限(维持故障切除后系统的稳定性所允许的故障前输送功率)越高,越能发挥电网的输电效能。

故障切除时间是从发生故障起至故障完全切除为止的时间。例如,当电力系统中某电气元件发生短路故障时,故障切除时间是从短路发生开始到继电保护装置动作、断路器跳闸、电弧完全熄灭为止。它等于保护装置动作时间与断路器主触头固有分闸时间和电弧熄灭时间之和。一般来说,高压电网中快速继电保护装置的最小动作时间为0.02~0.04s,断路器的最小动作时间为0.02~0.06s。但应指出,要求保护切除故障达到最小时间并不是在任何情况下都是合理的,故障必须根据技术条件来确定。实际上,对不同电压等级和不同结构的电网,切除故障的最小时间有不同的要求。例如,对于35~60kV配电网络,一般为0.5~0.7s;对于110~330kV高压电网,为0.15~0.3s;对于500kV及以上的超高压电网,为0.1~0.12s。目前,国产的继电保护装置,在一般情况下,完全可以满足上述电网对快速切除故障的要求。

对于反映不正常运行情况的继电保护装置，一般不要求快速动作，而应按照选择性需求和电气设备允许不正常工作的条件，延时发出信号。例如，牵引变压器过负荷保护的动作延时输出时间为9s。

三、灵敏性

灵敏性是指继电保护装置对其保护范围内的电气设备发生短路故障或不正常运行时应具有的反应能力。

能满足灵敏性要求的继电保护，在规定的保护范围内出现设备故障时，不论短路点的位置和短路的类型如何，以及短路点是否有过渡电阻，都能正确反应并动作。

在电力系统中，对继电保护装置的灵敏性有明确的规定和要求，并用灵敏系数（也称灵敏度）来衡量，灵敏系数用 K_{sen} 表示。灵敏系数越高，表示保护装置对故障的反应能力越强，反之，则越弱。过量保护装置和欠量保护装置对于灵敏系数的定义是不同的。

对于反映故障时参数增加的过量保护装置，其灵敏系数的定义为：

$$K_{sen}=\frac{\text{短路时故障参数的计算值}}{\text{保护装置的动作值}} \tag{1-1}$$

而对于反映故障时参数降低的欠量保护装置，其灵敏系数的定义则为：

$$K_{sen}=\frac{\text{保护装置的动作值}}{\text{短路时故障参数的计算值}} \tag{1-2}$$

为了保证装置对其保护范围内所发生的各种金属性短路故障都能够反映，可按最不利的工作情况进行校验，因为若在最不利情况下保护装置都能满足灵敏性要求，则在其他情况下保护装置就更能满足灵敏性要求。

过量保护装置灵敏系数的校验公式一般为：

$$K_{sen}=\frac{\text{保护区末端金属性短路时故障参数的最小计算值}}{\text{保护装置的动作值}} \tag{1-3}$$

欠量保护装置灵敏系数的校验公式一般为：

$$K_{sen}=\frac{\text{保护装置的动作值}}{\text{保护区末端金属性短路时故障参数的最小计算值}} \tag{1-4}$$

实际上，短路大多数情况是非金属性的，而且故障参数在计算时会有一定的要求。上述两种保护装置灵敏系数的值一般为1.2～2。在《继电保护和安全自动装置技术规程》（GB/T 14285—2006）中，对各种反应短路的继电保护装置的灵敏系数最小值都做了具体规定，见表1-1。

四、可靠性

继电保护装置的可靠性是指继电保护装置自身在工作过程中的安全性和信赖性。安全性是继电保护在不需要它动作时不发生误动；信赖性是要求继电保护在规定的保护范围内发生了应该动作的故障时不拒动。

安全性和信赖性主要取决于保护装置本身的制造质量、保护回路的连接和运行维护的水平。一般而言，保护装置的组成元件质量越高、回路接线越简单，保护的工作就越可靠。

同时,正确的调试、整定、运行及维护,对于提高保护的可靠性都具有重要的作用。

反映短路故障的继电保护装置的最小灵敏系数 $K_{sen.min}$ 表1-1

保护分类	保护类型	组成元件	最小灵敏系数	备注
主保护	变压器、线路、电动机和电容器的电流速断保护	电流元件	2.0	被保护安装处短路计算
	电流保护、电压保护	电流、电压元件	1.5	按保护区末端计算
	3~10kV电力网中单相接地保护	电流元件	1.5	电缆线路允许为1.25
	变压器、电动机的纵联差动保护	差动元件	2.0	
后备保护	远后备保护	电流、电压元件	1.2	按相邻电气元件末端短路计算
	近后备保护	电流、电压元件	1.3	按线路末端短路计算

继电保护的误动作和拒动作都会给电力系统带来严重的危害。然而,提高不误动的安全措施与提高不拒动的信赖性措施往往是矛盾的。由于不同的电力系统结构不同,电力元件在电力系统中的位置不同,误动作和拒动作的危害程度不同,所以提高安全性和信赖性的侧重点在不同的情况下有所不同。对于母线保护,它的误动会给电力系统带来严重的后果,因此更着重强调不误动的安全性,一般是以两套保护出口接点串联后启动跳闸回路的方式。

即使对于相同的电力元件,随着电网的发展,保证可靠性对系统的影响也会发生变化。在说明防止误动更重要时,不是说拒动不重要,而是说,在保证防止误动的同时,要充分防止拒动;反之亦然。

在电力系统中,确定继电保护装置的配置和构成方案时,除了满足上述四个基本要求外,还应适当考虑经济的合理性。应综合考虑被保护元件和电力网的结构特点、运行特点及故障出现的概率和可能造成的后果等因素,从而确定保护方式,而不能只从保护装置本身的投资来考虑。因继电保护装置不完善或者不可靠而给国民经济造成的损失,一般会大大超过最为复杂的继电保护装置的投资。当然,也要注意,对于次要的被保护对象,不应该装设复杂、昂贵的保护装置。

复习与思考

1. 什么是故障、不正常运行状态?
2. 继电保护装置的基本任务是什么?
3. 对继电保护装置有哪些基本要求?
4. 继电保护的基本原理是什么?
5. 继电保护由哪几部分组成?各部分作用是什么?
6. 继电保护装置如何进行分类?

单元2　继电保护装置常用元件

【知识目标】

1. 掌握电磁型继电器的结构及工作原理。
2. 熟悉常用电磁型继电器的特点及用途。
3. 熟悉微机保护装置的结构及工作原理。

【能力目标】

1. 能认识各类常用电磁型继电器，并分析其工作原理。
2. 能说明电磁型继电保护装置与微机保护装置的区别与联系。

【素质目标】

培养安全意识、观察分析能力、动手能力和团结合作精神。

单元2.1　电磁型继电器

一、电磁型继电器的结构

电磁型继电器结构简单、便于维护、动作可靠、输出功率大，它不仅是电磁型继电保护装置的主要元件，也是微机保护装置的主要出口元件。电磁型继电器从结构上通常分成三种，螺管线圈式、拍合式、转动舌片式，如图2-1所示。

不管是哪种电磁型继电器，都主要由铁芯1、可动衔铁2、线圈3、接点4(分为常开接点和常闭接点)、反作用弹簧5等部分组成。只是由于各类型继电器的用途不同，所以对其要求的特性与结构有所不同。其各部分的作用如下。

铁芯：增强磁感应强度，提高导磁率，减少漏磁。

可动衔铁：在电磁力的作用下吸合，带动可动接点动作，使常闭接点断开，常开接点闭合。

线圈：一般电磁型继电器的线圈都是两个，改变两线圈的串、并联关系可改变继电器的定值。

接点：继电器的接点有常开接点和常闭接点两种类型。当继电器的衔铁未被吸合时，处于断开的接点称为常开接点，此时处于闭合的接点称为常闭接点；当继电器动作衔铁吸合时，常开接点闭合，故常开接点又称为动合接点，而此时常闭接点断开，故又称为动断接点。

反作用弹簧:产生反作用力矩,电磁力矩与反作用力矩比较,电磁力矩小于反作用力矩,继电器不动作;电磁力矩大于反作用力矩,继电器动作。通过调节反作用弹簧的力矩,可达到调节继电器定值的目的。

想一想 如何调节电流继电器的定值?共有几种方法?

认一认 尝试拆开电磁型电流继电器(图2-2),找出它的主要结构,并说明其各部分结构的作用。

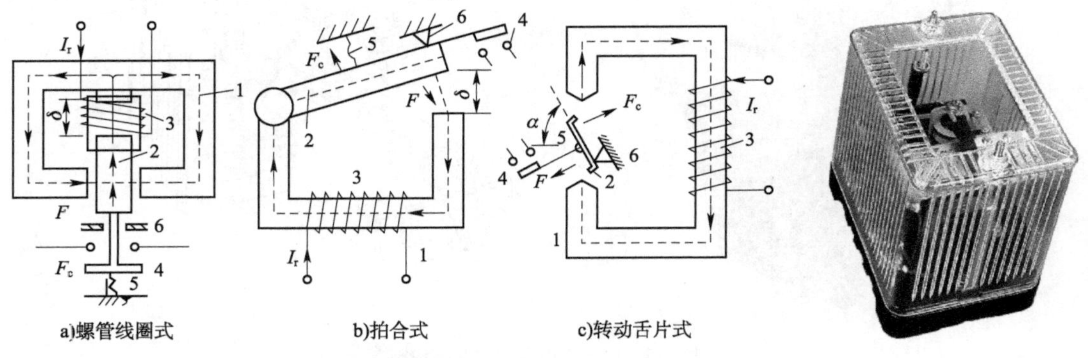

a)螺管线圈式　b)拍合式　c)转动舌片式

图2-1　电磁型继电器

1-铁芯;2-可动衔铁;3-线圈;4-接点;5-反作用弹簧;6-止挡

图2-2　电流继电器

二、电磁型继电器的工作原理

当加入继电器线圈的电流增大时,铁芯中的电磁力矩增大。当电磁力矩大于弹簧反力矩时,可动衔铁被吸合,常闭接点断开,常开接点闭合,继电器动作。

当加入继电器线圈的电流减小时,铁芯中的电磁力矩减小。当电磁力矩小于弹簧反力矩时,可动衔铁返回,常开接点断开,常闭接点闭合,继电器返回。

三、常用的电磁型继电器

1. 电流继电器

电流继电器的主要作用是检测并判断供电系统的电流值是否在正常范围内,如果超出正常范围,继电器会及时动作并通过相关元件发出动作信号。

如图2-3所示,电磁型电流继电器的文字符号表示为KA,图中继电器的结构采用转动舌片式,即衔铁采用转动灵活的Z形舌片。电流继电器的线圈匝数少而导线粗,阻抗小,串联于电路中。

当流过继电器线圈的测量电流足够大时,会产生较大的电磁力,吸引Z形舌片衔铁转动,并带动转轴,使继电器接点状态转换,常闭接点断开,常开接点闭合;若当电流减小时,电磁力也减小,此时由于反作用力弹簧的作用,使衔铁返回,从而带动接点返回,即常开接点断开、常闭接点闭合。

能够使继电器动作的最小电流值称为动作电流,动作电流是电流继电器的主要参数,它的大小可以通过调整动作电流整定把手来调节,即改变反作用力弹簧的反力,实现改变动作电流的大小的目的。但按照标度盘调整的数值并不精确,使用时必须进行试验,测量动作电流，调整定值。电流继电器的线圈有两组，可以串联或并联接线，线圈并联时通过的电流比串联时增加一倍。

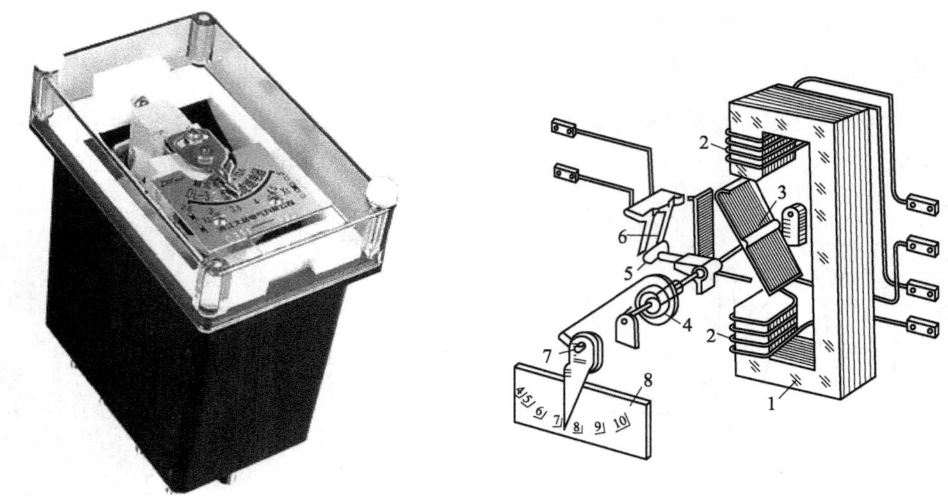

图 2-3　电流继电器外观及结构图

1-电磁铁；2-线圈；3-Z 形舌片；4-弹簧；5-动触点；6-静触点；7-整定值调整把手；8-整定值刻度

使电流继电器返回的最大电流值称为返回电流，当电流继电器动作后，铁芯与衔铁的气隙减小，磁通和电磁力增大，只有当线圈电流比动作电流更小时，弹簧才能克服电磁力而使衔铁返回，所以返回电流比动作电流小。

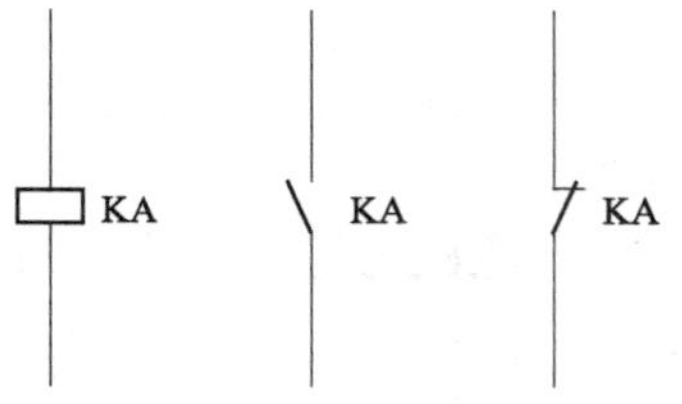

返回电流与动作电流之比称为返回系数，用 K_{re} 表示：

$$K_{re}=\frac{返回值}{动作值}<1$$

返回系数 K_{re} 不能过大，也不能过小，技术规范要求其数值范围为 0.85 ~ 0.90。返回系数过大，继电器动作灵敏但不可靠；反之过小，继电器动作可靠但不灵敏。电流继电器在电路中的表示方法如图 2-4 所示。

KA　KA　KA

a)线圈　b)常开接点　c)常闭接点

图 2-4　电流继电器的线圈及接点的表示

2. 电压继电器

电压继电器的主要作用是判断供电系统中的电压是否正常，若出现过高或过低现象，则继电器及时动作并通过相关元件发出动作信号。

如图 2-5 所示，电压继电器的文字符号表示为 KV，其内部结构原理与电流继电器相似，主要区别在于电压继电器的线圈匝数多而导线细，故线圈阻抗大，继电器线圈并联于测量电路中，内部两组线圈可以并联，也可以串联，线圈串联时承受的电压比并联时增加 1 倍。

电压继电器分为过电压继电器和低电压继电器两类，前者用于过电压保护，后者用于欠压保护。过电压继电器的动作电压和返回电压的概念与电流继电器类似，其返回系数 K_{re} 等于返回电压与动作电压之比，即

$$K_{re}=\frac{返回值}{动作值}<1$$

而低电压继电器与过电压继电器动作过程正好相反，当电压继电器测量电压降低，电磁

力减小使得衔铁返回时，常闭接点处于闭合状态，称为继电器动作；当电压升高，衔铁被吸动时，常闭接点处于断开状态，称为继电器返回。

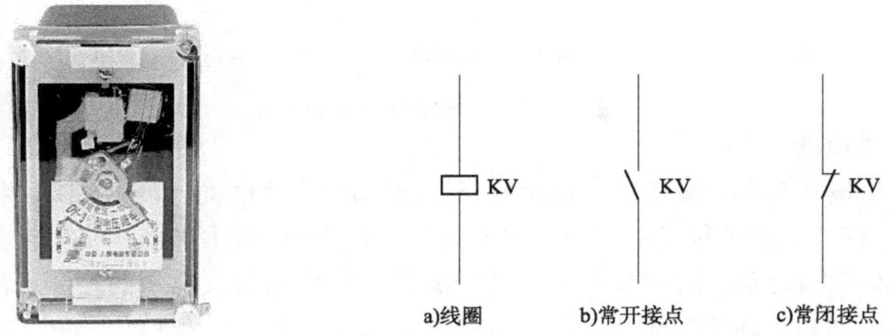

图2-5　电压继电器外观及线圈接点表示

$$K_{re}=\frac{返回值}{动作值}>1$$

可见，反映电量增加而动作的继电器，动作值大于返回值，返回系数小于1；反映电量减小而动作的继电器，动作值小于返回值，返回系数大于1。

3. 时间继电器

在继电保护装置中往往为了满足保护选择性的需要，保护动作及信号的发出需要一定的延时，时间继电器就是用于建立保护装置动作所需的时间，实现延时功能。

如图2-6所示为电磁型时间继电器，文字符号表示为KT。

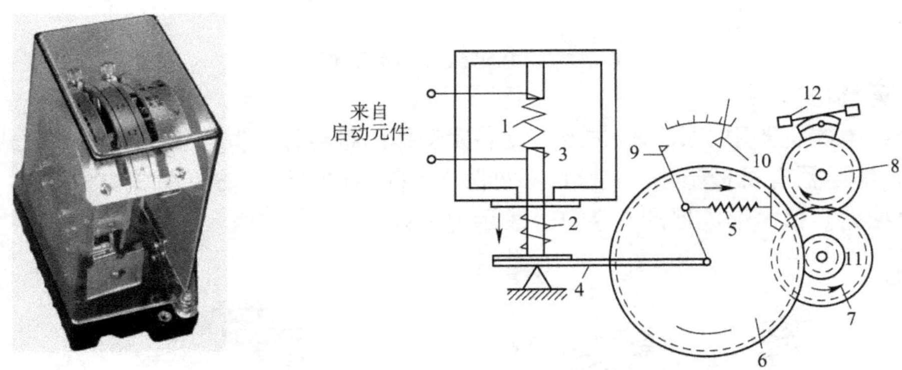

图2-6　时间继电器外观及结构图

1-线圈；2-弹簧；3-衔铁；4-连杆 5-弹簧；6-传动齿轮；7-主传动齿轮；8-钟表延时机构；9-动触点；10-静触点 11-刺轮；12-摆卡摆锤

线圈未加电压时，弹簧2将衔铁3推出，连杆4使弹簧5处于拉伸状态。

线圈加上规定电压值时，电磁力克服弹簧力将衔铁吸入线圈，连杆被释放，在弹簧5的作用下，动触点9受钟表机构控制，顺时针匀速转动。经整定的延时，动、静触点接触，继电器动作，输出信号；去掉电压时，弹簧2将衔铁与连杆顶回原位，继电器返回。返回时，连杆带动轴系逆时针旋转。脱离钟表机构的控制，所以返回是瞬时的。

时间继电器在电路中的表示符号如图2-7所示。

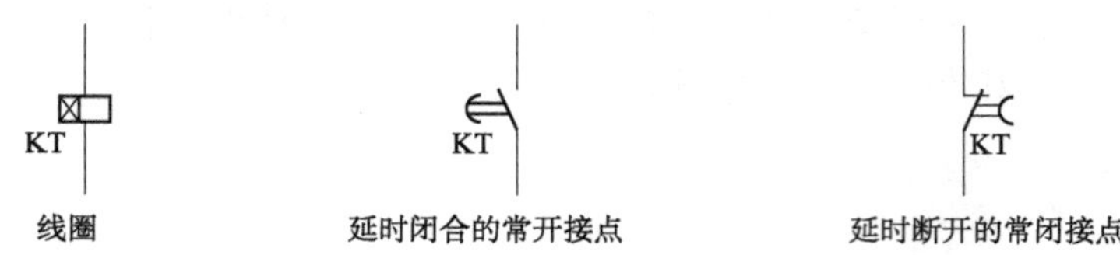

图 2-7　时间继电器线圈及接点表示

4. 中间继电器

中间继电器作为保护装置的出口执行元件,多为拍合式结构,广泛用于各种保护和自动控制线路中,在继电保护装置中的作用主要表现在两个方面:①扩展控制回路的数目,增加控制功能;②扩大接点容量,使较小容量的控制回路能启动较大容量的控制回路,特别是保护装置的执行回路。因此中间继电器具有接点数量多、容量大等特点。如图 2-8 所示中间继电器实物及机芯。中间继电器的文字符号表示为 KM。

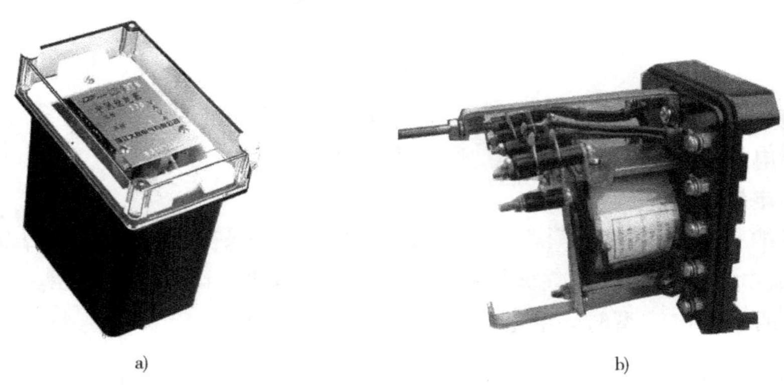

图 2-8　中间继电器实物及机芯

5. 信号继电器

信号继电器主要用于指示保护或自动装置动作的继电器。其电磁结构为拍合式。继电器动作时,继电器有机械指示(吊牌),参见图 2-9;或灯光指示,参见图 2-10。同时,其接点接通告警回路。信号继电器的文字符号表示为 KS。

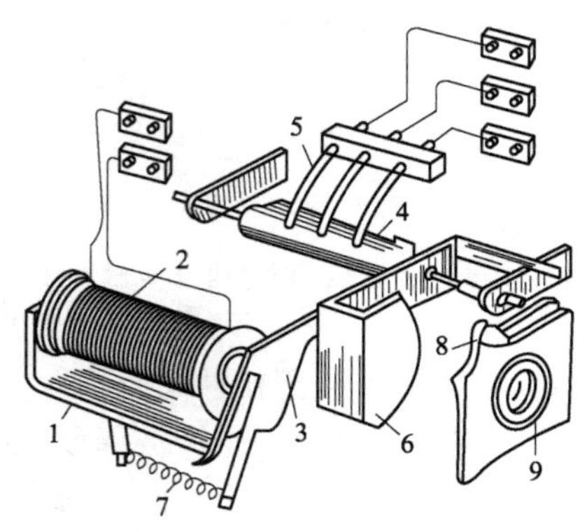

图 2-9　带机械指示的信号继电器结构图

1-铁芯;2-线圈;3-衔铁;4-动触点;5-静触点;6-信号吊牌;7-弹簧;8-复归把手;9-观察孔

图 2-10　带灯光指示的信号继电器

变电所值班人员可通过查看信号吊牌的位置或灯光的指示来确认是哪一种保护装置动作，所以信号继电器动作后必须采用人工手动复归。

想一想

1. 从结构上考虑，电流继电器、电压继电器、时间继电器、中间继电器、信号继电器分别是哪一种类型的电磁型继电器？

2. 试分析时间继电器的工作原理。

单元2.2　微机保护装置

一、微机保护装置的结构

微机保护装置如图2-11所示，是由“硬件”和“软件”两部分组成的，硬件是实现继电保护功能的基础，软件则是实现继电保护原理的基础，即软件程序的不同可以实现不同原理的保护功能。

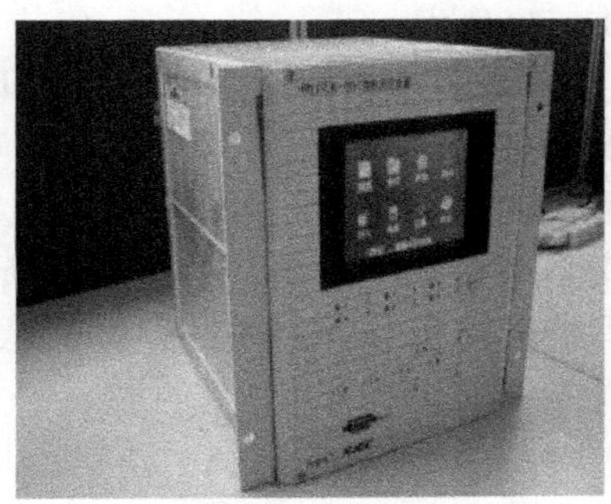

a)装置外观

b)装置内部

图2-11　微机保护装置

微机保护装置的硬件部分主要由数据采集系统、微型机主系统、开关量输入/输出系统、人机接口部分及电源部分组成，如图2-12所示。

微机保护装置的软件结构主要由监控程序和运行程序两部分组成，如图2-13所示，其中监控程序包括对人机接口键盘命令处理程序及为插件调试、整定设置显示等配置的程序。运行程序是指保护装置在运行状态下所需执行的程序。

二、微机保护装置的工作原理

微机保护系统是由计算机及配置的支持和外围部件所构成的一个实时控制系统。微机保护系统承担着分析系统中有关电量及变化，判定电力系统中是否发生了短路故障的任务。

1. 硬件原理

微机保护装置的五部分硬件作为继电保护功能的基础，各部分的功能及原理如下：

(1)数据采集系统

输入保护装置的电压、电流信号是模拟量。由于计算机是一种数字设备，只能接受数字脉冲信号，所以就需要将电压、电流模拟量转换为计算机能够识别的数字量。

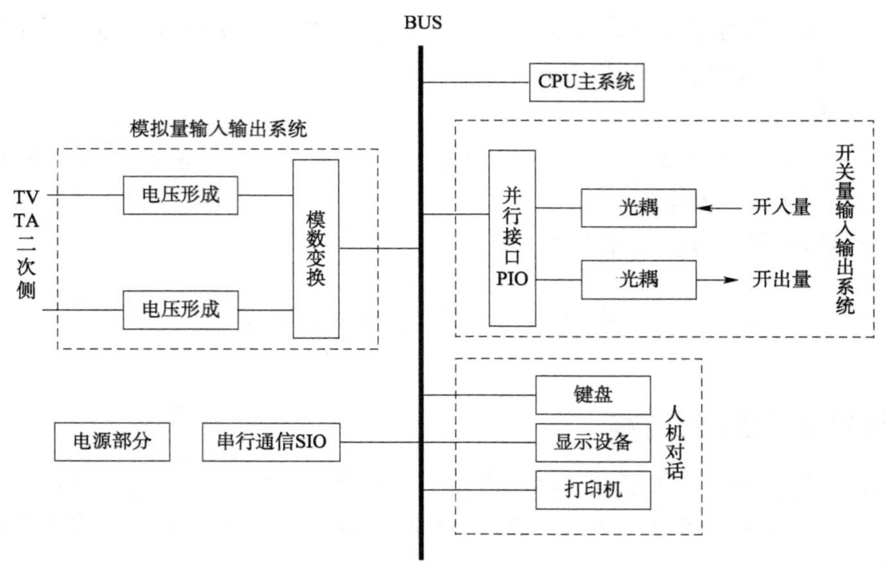

图 2-12　微机保护装置硬件结构

因此，数据采集系统就是妥善处理这类信号，完成微型机主系统信号输入接口功能。

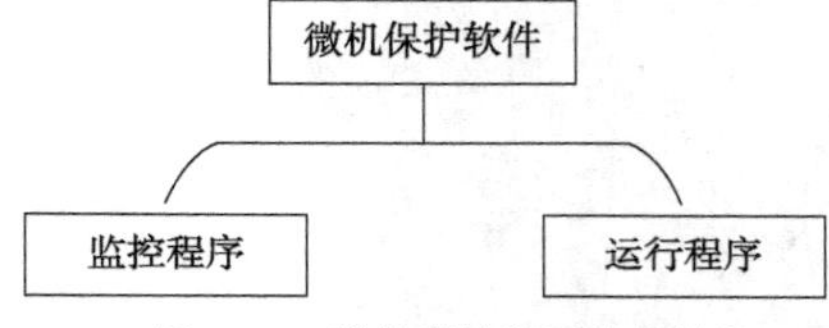

图 2-13　微机保护装置软件结构

(2)微机主系统

微机主系统(CPU 主系统)主要执行编制好的程序，对由数据采集系统输入的原始数据进行分析、处理，完成各种继电保护的测量、逻辑和控制功能，从而实现各种继电保护功能。

(3)开关量输入/输出系统

通常是由微型机的并行接口、光电隔离器件及有触点的中间继电器等组成，以完成各种保护的出口跳闸、信号报警、重合闸出口及就地和中央信号出口、外部触点输入等功能。

(4)人机接口部分

在许多情况下，保护 CPU 系统必须接受操作人员的干预，例如整定值的输入、工作方式的变更、对保护 CPU 系统状态的检查等都需要人机对话。这部分工作在 CPU 控制之下完成，通常可以通过键盘、汉化液晶显示、打印及信号灯、音响或语言告警等来实现人机对话。同时，现代人机接口部分还应含有多个通信网络接口，保护装置通过网络接口可直接与变电所层的设备通信、交换信息。

(5)电源部分

微机保护系统对电源的要求较高，通常这种电源是逆变电源，即将直流逆变为交流，再把交流整流为微机系统所需的直流电压。它把变电所的强电系统的直流电源与微机的弱电系统电源完全隔离开。通过逆变后的直流电源具有极强的抗干扰水平，对来自变电所中因断路器跳、合闸等原因产生的强干扰可以完全消除掉。

2. 软件原理

微机保护装置的软件不同可以实现不同原理的保护功能，分为监控程序和运行程序。由接口面板的方式开关或显示器上显示的菜单选择决定执行哪部分程序。调试方式下执行监控程序,运行方式下执行运行程序。监控程序主要是键盘命令的处理。运行程序由主程序和采样中断服务程序和故障处理程序构成。

主程序的任务包括初始化、全面自检和开放中断等功能。

采样中断服务程序包括采样中断和串行口中断两个中断服务程序,前者包括采集与处理、保护启动判定等,后者用来保护 CPU 与保护管理 CPU 之间的数据传送。

故障处理程序在保护启动后才投入,用以进行保护特性计算、判定故障性质等。

三、电磁型继电保护装置与微机保护装置的对应关系

继电保护的任务是判断电力系统设备是否发生故障或不正常运行状态,而决定是否发出信号或跳闸命令,使得发生故障的设备尽量迅速地从电力系统中切除。为此,首先要取得与被保护设备有关的信息,根据这些信息以及不同的保护原理,进行综合和逻辑判断,最后做出决断,并付诸执行。

一套微机保护装置可实现多种保护功能。以地铁 750V 微机保护装置 SEPCOS 为例,SEPCOS 装置可实现的保护有 DDL 保护、电流定时限保护、低电压保护、双边联跳保护等。其装置外形如图 2-14 所示。装置具有模块化 PLC 结构,输入/输出可扩展,最大 54 输入/30 输出。

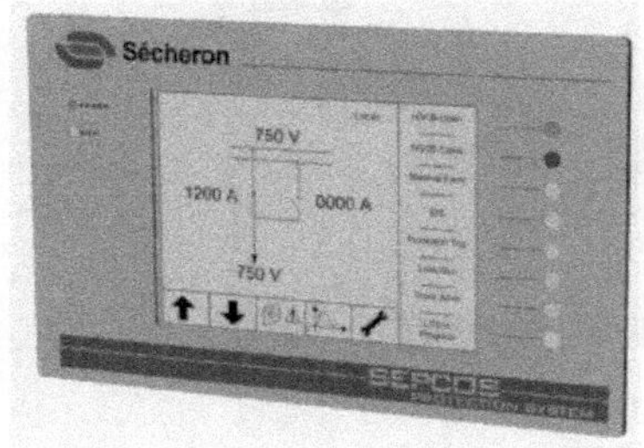

图 2-14　SEPCOS-NG 微机装置外形

其控制与保护系统的典型配置示意图如图 2-15 所示。

1. 测量部分

在这个部分,微机保护与原来的电磁型继电保护数据采集系统基本上是一致的,电磁型继电保护装置从保护的电力线路或设备的电流互感器、电压互感器取得电流、电压等模拟量,微机保护装置则通过测量放大器和分流器的配合使用取得电流、电压等模拟量。但是对于模拟量的数据信号,两种保护方式处理的方法是不同的。

对于电磁型继电保护而言,这些互感器的二次数值直接加到电磁型继电器的测量机构,变换成机械力,然后在机械力的层次上进行数据的比较,逻辑判断,中间不需要设置其他的变换、隔离等环节;对微机保护装置而言,由于它是数字电路,必须把采集的电流、电压等模拟量经过信息的预处理,变换为计算机识别的数字量,然后在微型机 CPU 主系统的软件基础上进行数据的比较、逻辑判断,中间需要设置隔离屏蔽、变换电平等处理。

2. 逻辑部分

对于微机保护和电磁型继电保护,都需要对由数据采集系统输入的数据进行分析、处理,完成各种继电保护的测量、逻辑和控制功能。电磁型继电保护通过电磁型继电器及其模拟电路实现,而微机保护装置通过其微型机 CPU 主系统实现。

常规的电磁型继电保护是靠模拟电路的构成来实现的，即用模拟电路实现各种电量的加、减、乘、除和延时与逻辑组合等要求。

微机保护，即数字式继电保护，是用数字技术进行数值（包括逻辑）运算来实现上述功能。即微机保护通过微机主系统中的程序软件来进行数据的分析、运算和判断处理，以实现各种继电保护功能。

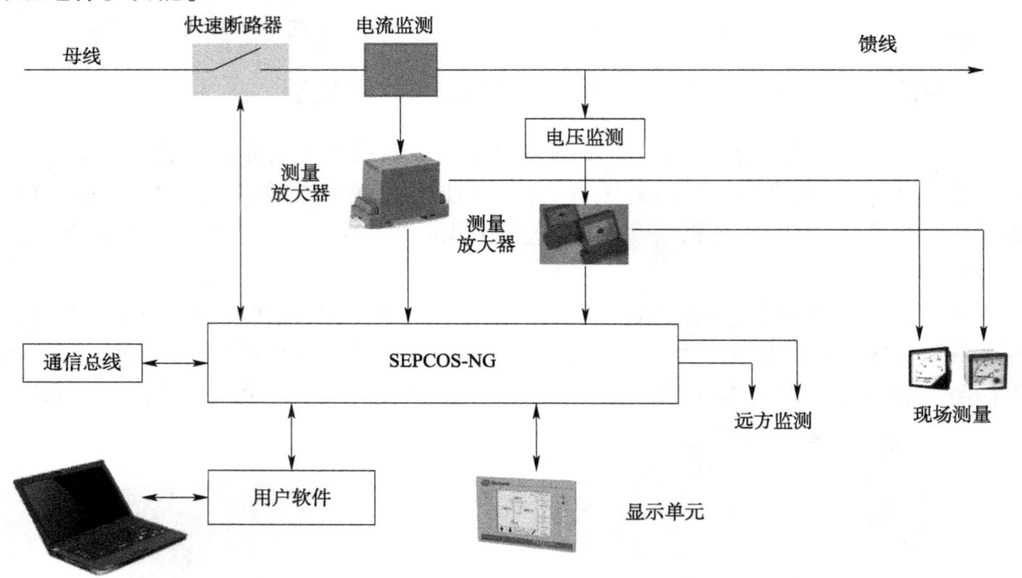

图 2-15　控制与保护系统的典型配置示意图

3. 执行部分

对于执行部分，微机保护与电磁型继电器保护是基本一致的。

继电保护的主要任务是操作、控制有关断路器，使发生故障的设备迅速与电力系统其余正常运行部分隔离开来，最大限度地减轻故障对电力系统的影响，减轻故障设备的损坏程度。这种操作是通过控制断路器的跳闸线圈实现的。出于可靠性的考虑，目前不管是电磁型继电保护或者微机保护，仍采用有触点的小型中间继电器，组成必要的出口逻辑。

可见，微机保护装置与电磁型继电保护装置的区别主要在于逻辑环节上。前者是对数值进行运算和比较来判定短路故障，而后者是通过某种物理量（如力、力矩等）之间大小的比较来判定短路故障。

四、微机保护的特点

微机保护与电磁型继电保护装置相比较，具有如下特点：

1. 可实现多种功能

电磁型继电保护装置的功能较单一，即检测电力系统的短路故障并发出相应信号，微机保护系统除实现保护功能外，还可实现诸如测量、监视及人机对话功能，而且这部分工作占用了系统的绝大部分时间。

2. 可获得多种保护特性，且容易获得较复杂的保护特性

对电磁型继电保护装置，不同的保护特性需用不同的电气线路，即具有不可替代性。微

机保护装置是靠编号与某几种数学模型对应的软件(即几种保护算法)来实现多种保护特性。简单的保护特性与复杂的保护特性的不同仅在于软件编号上。采用标准功能编号,每个继电器或继电保护装置可细分为一系列功能,方便设计、制造、运行、维护等各个环节,简洁易懂。这种功能编号在国外各种类型的继电保护装置中被广泛采用,在城市轨道交通供电系统继电保护装置的图纸中也得了较多应用。

3. 微机保护装置的性能参数更稳定,运行中的整定调试工作量更少

电磁型继电保护装置由机械部件或电阻、电容、半导体元器件等构成。机械部件在运行过程中的磨耗,电阻等元件的老化使参数发生变化等,都会对保护装置的性能参数(如动作特性、整定值、返回系数等)产生影响。严重时可引起保护装置的误动或拒动。微机保护装置的动作特性及整定值等是由编制好的程序确定并保存下来的,只要能确保程序和数据不丢失,则保护装置性能参数就不会变化。另外,对电磁型继电保护装置,有较大的整定调试及检修工作量;而微机保护装置配有较完善的服务程序的支持,其检调过程较简单。

4. 微机保护装置有较高的可靠性

电磁型继电保护装置一般不具备检查自身故障的能力;微机保护装置配置有功能较强的自检系统,能检出故障硬件,并给出报警信号,同时闭锁跳闸出口回路。

5. 微机保护装置的弱点

微机保护装置受环境温度、湿度、电磁干扰等的影响较大,对使用者的操作和维护技术要求较高。

由于微机保护装置具备多种功能和优良的性能指标,使得微机保护装置获得了广泛的应用。

复习与思考

1. 电磁型继电器主要由哪几部分组成？各部分的作用是什么？
2. 低电压继电器的工作原理是什么？
3. 改变电磁型继电器定值的方法有哪两种？
4. 电流继电器与低电压继电器工作原理的区别是什么？
5. 什么是电流继电器的动作电流、返回电流？什么叫返回系数？
6. 简述电磁型继电保护装置与微机保护装置的区别。

单元3　常用继电保护工作原理

【知识目标】

1. 掌握电流保护的接线方式、整定原则、保护范围。
2. 掌握差动保护的原理及保护范围。

【能力目标】

能结合实际情况，具体分析各保护的工作原理及保护范围、整定原则。

【素质目标】

培养职业素养和逻辑思维能力。

单元3.1　电 流 保 护

电流保护是当线路发生故障时反应电流上升超过定值而动作的保护装置。使保护装置动作的最小电流称为保护装置动作电流，用 I_{op} 表示。使保护装置返回的最大电流称为保护装置返回电流，用 I_{re} 表示。

一、瞬时电流速断保护

1. 定义

瞬时电流速断保护是反应电流增大而瞬时切除故障的电流保护。它不设时间元件，其动作时间是保护装置固有动作时限。

设置一个中间继电器的作用是：①接点容量大，可直接接断路器的跳闸线圈 YR 去跳闸；②当线路上装有避雷器时，利用中间继电器固有动作时间防止避雷器放电时保护误动作。

瞬时电流速断保护是在简单、可靠和保证选择性的前提下，根据对继电保护速动性的要求，突出了保护装置动作切除故障总是越快越好的原则。因此，在输电线路上装设瞬时电流速断保护的根本目的是实现继电保护的快速动作。

2. 保护原理

以图 3-1b）为例，当线路 A-B 上发生故障时，希望保护 1 能瞬时动作，当线路 B-C 发生故障时，希望保护 2 能瞬时动作，它们保护范围最好能达到本线路全长的 100%。

以保护 1 为例，当本线路末端 K_1 点短路时，希望保护 1 能瞬时动作切除故障，而当相邻线路B-C的始端(习惯上又称为出口)K_2点短路时,按照选择性的要求,保护1不应该动作,因为该处的故障应该由保护2切除。但实际上,K_1点和K_2点短路时,从保护1流过的短路电流的大小和保护2几乎是一样的。因此,希望K_1点短路,保护1动作;K_2点短路,保护2动作的要求不可能同时得到满足。为了解决这个矛盾,通常优先保证动作的选择性,即从保护装置启动参数的整定上应保证下一条线路出口处短路时本线路上的保护不启动,这又称为按躲开下一条线路出口处短路的条件整定。

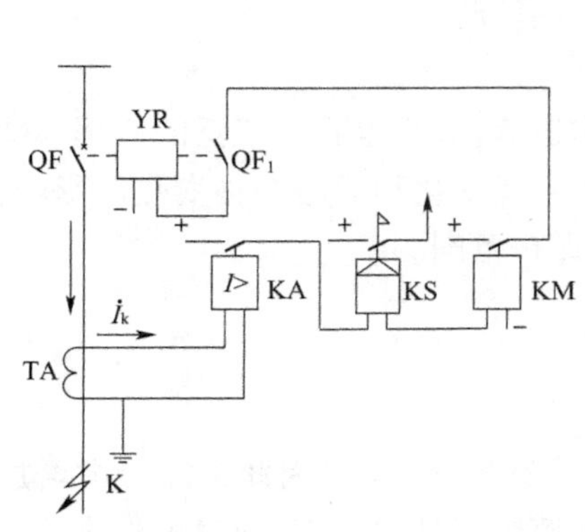

a)电流速断保护单相原理接线图

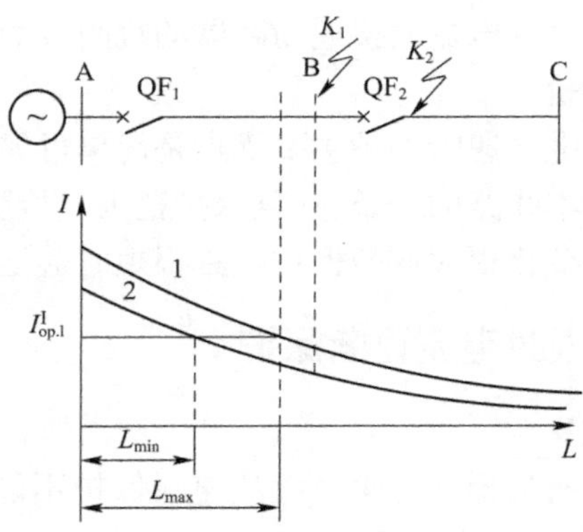

b)电流速断保护特性分析

图3-1　瞬时电流速断保护单相原理接线及特性分析

3. 动作电流的整定

如图3-1b)中曲线1为系统最大运行方式(发电机、并联线路、变压器等都投入)下的三相短路电流特性,曲线2为系统最小运行方式(发电机、并联线路、变压器等投入最少)下的两相短路电流特性,当系统运行方式或故障类型改变时,I_k都将随之发生变化。

为了保证瞬时电流速断保护的选择性,保护装置的动作电流应按躲开下一条线路出口短路时,通过保护的最大短路电流(最大运行下的三相短路电流)来整定。

动作电流为:

$$I_{op.1}^{I}=K_{rel}I_{k.max}^{(3)} \tag{3-1}$$

式中:K_{rel}——瞬时电流速断保护可靠系数,一般取1.2~1.3;

$I_{k.max}^{(3)}$——本线路末端最大三相短路电流。

4. 保护范围

(1)瞬时电流速断保护作为线路主保护的保护范围如图3-1b)所示,在最大运行方式下三相短路时,保护范围最大,其值为L_{max},一般为本线路全长的80%~85%;在最小运行方式下两相短路时,保护范围最小,其值为L_{min},但最小保护范围不能小于本线路全长的15%~20%,否则将失去应用价值。

(2)瞬时电流速断保护作为变压器主保护的保护范围是:从保护安装处的电流互感器一次侧→变压器高压套管引出线→变压器原边绕组→若短路电流大有可能保护到变压器次边部分绕组。

瞬时电流速断保护的保护范围是随运行方式变化的,同一个地点短路,短路电流不一样大,最大运行方式时,短路电流最大,最小运行方式时,短路电流最小。远端短路时,两相短路电流是三相短路电流的$\frac{\sqrt{3}}{2}$。

5. 保护的接线

瞬时电流速断保护的单相原理接线如图 3-1a)所示,保护由检测启动元件(电流继电器 KA)、中间元件(中间继电器 KM)和信号元件(信号继电器 KS)组成。

电流继电器接于电流互感器 TA 的二次侧,它动作后启动中间继电器,其接点闭合后,经串联的信号继电器而接通断路器的跳闸线圈,使断路器跳闸。

6. 评价

瞬时电流速断保护主要优点是简单可靠、动作迅速,因而得到了广泛的应用。缺点是不可能保护本线路的全长,并且保护范围直接受运行方式变化和线路结构变化的影响,当系统运行方式变化很大或被保护线路很短时甚至没有保护范围。

二、限时电流速断保护

1. 定义

由于有选择性的瞬时电流速断保护不能保护本线路的全长,因此必须考虑增加一段带时限的保护,用来切除本线路上瞬时电流速断保护范围以外的故障,同时也作为速断保护的后备保护,这就是限时电流速断保护。

2. 保护原理

对限时电流速断保护的要求,首先是在任何情况下能保护本线路的全长,并且具有足够的灵敏度;其次是在满足上述要求的前提下,力求具有最小的动作时限;在下一条线路短路时,保证下一条线路保护优先切除故障,满足选择要求。

限时电流速断保护的保护范围应为本线路的全长,其保护范围必然要延伸到相邻线路的一部分。为保证选择性,保护必须带一定时限,时限大小与延伸范围有关,如果时间短,考虑其保护范围不超过相邻线路的瞬时电流速断保护,保护装置的动作电流应按躲过相邻线路瞬时电流速断的动作电流来整定。

3. 动作电流的整定

动作电流为:

$$I_{\mathrm{op.1}}^{\mathrm{II}} = K_{\mathrm{rel}} I_{\mathrm{op.2}}^{\mathrm{I}} \tag{3-2}$$

式中:$I_{\mathrm{op.1}}^{\mathrm{II}}$——限时电流速断的动作电流;

K_{rel}——可靠系数,一般取为 1.1 ~ 1.2;

$I_{\mathrm{op.2}}^{\mathrm{I}}$——下一条线路瞬时电流速断的动作电流。

图 3-2 为限时电流速断动作特性分析。

4. 动作时限的整定

限时速断的动作时限应整定的比下一线路电流速断保护的动作时限高出一个时间阶段 Δt,即

$$t_1^{\mathrm{II}} = t_2^{\mathrm{I}} + \Delta t \tag{3-3}$$

从尽快切除故障的观点来看,Δt 应越小越好,但是为了保证两个保护之间动作的选择性,其值又不能选择太小。

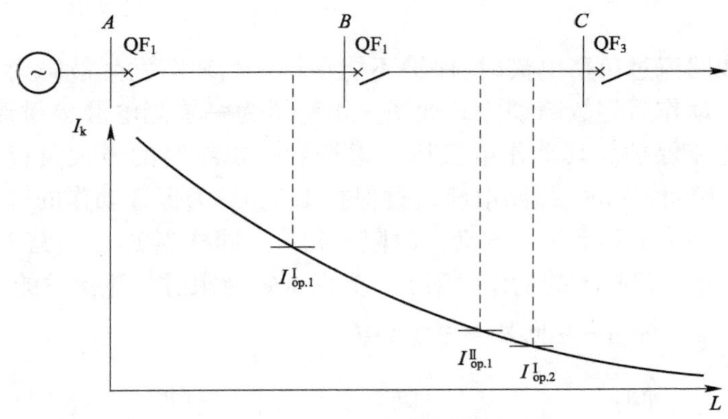

图3-2　限时电流速断动作特性分析

5. 保护的接线

限时电流速断保护的单相原理接线如图3-3所示，它与瞬时电流速断保护接线的主要区别是增加了时间继电器KT，这样电流继电器KA启动后还必须经过时间继电器KT的延时 t_1^{II} 才能动作跳闸。如果在 t_1^{II} 以前故障已经切除，则电流继电器KA立即返回，整个保护恢复原状，不会造成误动作。

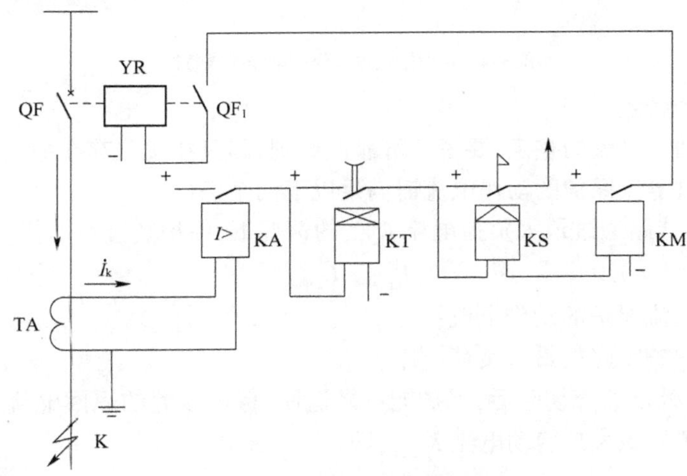

图3-3　限时电流速断保护原理接线图

6. 评价

限时电流速断保护结构简单、动作可靠，能保护本条线路全长，但不能作为相邻元件(下一条线路)的后备保护(有时只能对相邻元件的一部分起后备保护作用)。因此，必须寻求新的保护形式。

三、定时限过电流保护

1. 定义

定时限过电流保护(简称过电流保护)，是指动作电流按躲过线路最大负荷电流整定，并以时限保证动作的选择性。它不仅能保护本线路的全长，还能保护相邻线路的全长。不仅可作为本线路的近后备保护，还可以作为相邻线路的远后备保护。

2. 保护原理

正常运行时线路流过负荷电流时，保护不能动作。当线路发生故障时，保护启动，经过保证选择性的延时动作后将故障切除。如图 3-4 所示为一单侧电源辐射形电网，各条线路均装设定时限过电流保护。其动作电流均考虑按躲过本线路的最大负荷电流来整定。当 C-D线路 K_3点发生相间短路时，短路电流流过保护 1、2、3。为保证动作的选择性，要求保护 3 的动作时限 t_3小于保护 1 和保护 2 的动作时限 t_1和 t_2。同样当 B-C 线路 K_2点短路，要求保护 2 的动作时限 t_2小于保护 1 的动作时限 t_1。为保证定时限过电流保护的选择性，保护动作时限应满足 $t_1>t_2>t_3$，即 $t_1=t_2+\Delta t, t_2=t_3+\Delta t$。

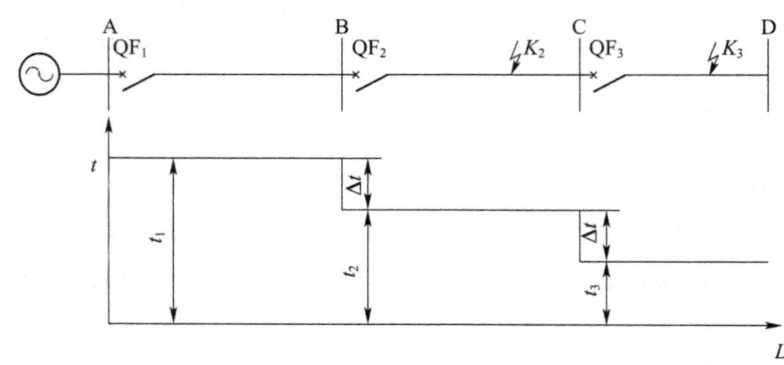

图 3-4 定时限过电流保护动作时限特性

3. 动作电流的整定

过电流保护动作电流的整定，要考虑可靠性原则，即只在线路存在短路故障的情况下保护装置才动作。过电流保护的动作电流需满足以下两个条件。

(1)在被保护线路通过最大负荷电流 $I_{L.max}$的情况下，保护装置不动作。

$$I_{op.1}^{Ⅲ}>I_{L.max} \tag{3-4}$$

式中：$I_{op.1}^{Ⅲ}$——过电流保护的动作电流；

$I_{L.max}$——被保护线路的最大负荷电流。

(2)为保证在外部故障切除后，保护能可靠返回，保护装置的返回电流 I_{re}应大于故障切除后流过保护装置的最大自启动电流 $I_{s.max}$，即

$$I_{re}=K_{re}I_{op.1}^{Ⅲ}>I_{s.max}=K_{ss}I_{L.max} \tag{3-5}$$

则定时限过电流保护的动作电流为：

$$I_{op.1}^{Ⅲ}=\frac{K_{rel}K_{ss}}{K_{re}}I_{L.max} \tag{3-6}$$

式中：K_{rel}——可靠系数，一般取值为 1.15 ~ 1.25；

K_{ss}——自起动系数，一般取值为 1.5 ~ 3；

K_{re}——返回系数，一般取值为 0.85 ~ 0.95。

4. 动作时限的整定

如图 3-4 所示，由于定时限过电流保护动作范围很大，为保证保护动作的选择性，其保护延时应比下一条线路的定时限过电流保护的动作时间长一个时限阶段 Δt，即

$$t_{n-1}=t_n+\Delta t \tag{3-7}$$

这种保护的动作时限经整定计算确定后,即由专门的时间元件予以保证,其动作时限与短路电流的大小无关。

5. 保护的接线

定时限过电流保护的接线原理与限时电流速断保护相同。

6. 评价

定时限过电流结构简单,工作可靠,对单侧电源的放射型电网能保证有选择性的动作。其不仅能作为本线路的近后备,而且能作为下一条线路的远后备。在放射型电网中获得广泛的应用,一般在35kV及以下的网络中作为主保护。定时限过流保护的主要缺点是越靠近电源端,其动作时限越大,对靠近电源端的故障不能快速切除。

需要特别说明的是,在城市轨道交通直流供电系统中,定时限过电流保护作为电流上升率保护的后备保护,通常该保护的电流整定值较小,一般按馈线最大负荷考虑 ,以达到切除远端短路故障的目的,其动作延时也较长,以避开列车启动的时间,例如,广州地铁2号线牵引供电系统中该保护设计的电流整定值为3000A,延时为30s。当电流第一次超过定值时,保护启动,在延时时间段内电流一直超过定值,可认为是短路电流,触发跳闸,如果中间任一时刻电流没有超过定值,保护自动返回,等待下次启动。

四、三段式电流保护

瞬时电流速断保护、限时电流速断保护和定时限过电流保护都是反映电流增大而动作的保护。瞬时电流速断保护是按照躲开本线路末端的最大短路电流来整定,它无延时动作,不能保护本线路全长;限时电流速断保护是按照躲开下一条线路电流速断保护的最大动作范围来整定,它虽能保护本线路全长,却不能作为下一条线路的后备保护;而定时限过电流保护则是按照躲开本线路最大负荷电流来整定,可作为本线路及下一条线路的后备保护,但动作时间长。

为保证迅速、可靠而又选择性地切除故障,可将这三种电流保护,根据需要组合在一起构成一整套保护,称为三段式电流保护。

具体应用时,可以采用瞬时电流速断保护加定时限过电流保护,或限时电流速断保护加定时限过电流保护,也可以三者同时采用。应用较多的是三段式电流保护,其各段的保护范围和动作时限的配合情况如图3-5所示,当在A-B线路首端短路时,保护1的Ⅰ、Ⅱ、Ⅲ段均启动,由Ⅰ段将故障瞬时切除,Ⅱ段和Ⅲ段返回;在A-B线路末端短路时,保护Ⅱ段和Ⅲ段启动,Ⅱ段以0.5s时限切除故障,Ⅲ段返回。若Ⅰ、Ⅱ段拒动,则Ⅲ段以较长时限将A-B线路故障切除,此为过电流保护的近后备作用。当在线路B-C上发生故障时,应由保护2动作,但若保护2拒动,则由保护1的Ⅲ段动作将故障切除,这是过电流保护的远后备作用。

对一种保护的评价,主要从选择性、速动性、灵敏性和可靠性四方面出发,看其是否满足电力系统安全运行的要求,是否符合有关规程的规定。

1. 选择性

在三段式电流保护中,瞬时电流速断保护的选择性是靠动作电流来实现的;限时电流速断保护和过电流保护则是靠动作电流和动作时限来实现的。它们在35kV及以下的单侧电源辐射形电网中具有明显的选择性;但在多电源网络或单电源环网中,则只有在某些特殊情况下才能满足选择性要求。

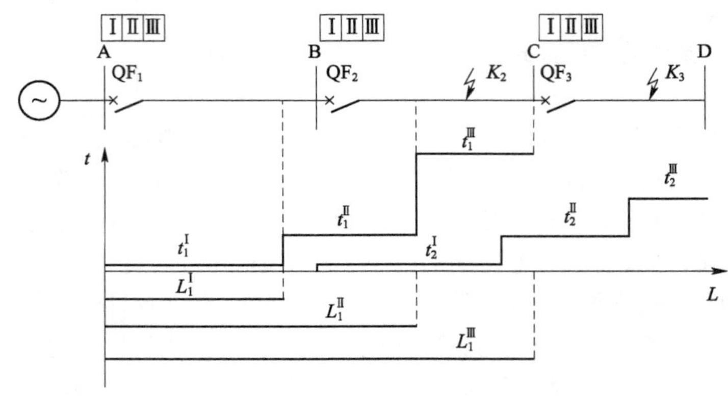

图 3-5　三段式电流保护的保护范围和时限配合特性

注:t_1^{I}、t_1^{II}、t_1^{III} 分别为 QF_1 处 I、II、III段电流保护的动作时限;L_1^{I}、L_1^{II}、L_1^{III} 为 QF_1 处三段电流保护的保护范围;L 为线路长度。

2. 速动性

瞬时电流速断保护以保护固有动作时限动作于跳闸;限时电流速断保护动作时限一般在0.5s以内,因而动作迅速是这两种保护的优点。过电流保护动作时限较长,特别是靠近电源侧的保护动作时限可能长达几秒,这是过电流保护的主要缺点。

3. 灵敏性

瞬时电流速断保护不能保护本线路全长,且保护范围受系统运行方式的影响较大;限时电流速断保护虽能保护本线路全长,但灵敏性依然要受系统运行方式的影响;过电流保护因按最大负荷电流整定,灵敏性一般能满足要求,但在长距离重负荷线路上,由于负荷电流几乎与短路电流相当,则往往难以满足要求。受系统运行方式影响大、灵敏性差是三段式电流保护的主要缺点。

4. 可靠性

由于三段式电流保护中继电器简单、数量少,接线、调试和整定计算都较简单,不易出错,因此可靠性较高。

总之,使用I段、II段或III段组成的三段式电流保护,主要的优点就是简单、可靠,并且在一般情况下能满足快速切除故障的要求,因此在电网中特别是35kV及以下的单侧电源辐射形电网中得到了广泛的应用。其缺点是受电网的接线及电力系统运行方式变化的影响,使其灵敏性和保护范围不能满足要求。

练一练 请将三段式电流保护的各段特点做一对比(表3-1)。

三段式电流保护的各段特点　　表3-1

	动作电流	动作时限	保护范围	优　缺　点
I段				
II段				
III段				

五、零序电流保护

当中性点直接接地系统(又称大接地电流系统)中发生接地短路时,将出现很大的零序电流,利用零序电流来构成接地短路的保护,具有显著的优点。

三相电流平衡时,没有零序电流,不平衡时产生零序电流,零序保护就是用零序互感器采集零序电流。零序电流互感器内穿过三根相线矢量,如图3-6所示。正常情况下,三相电流的向量和为零,零序电流互感器无零序电流。当单相接地时,三相电流的向量和不为零,零序电流互感器有零序电流,一旦达到设定值,则保护动作,使断路器器跳闸。

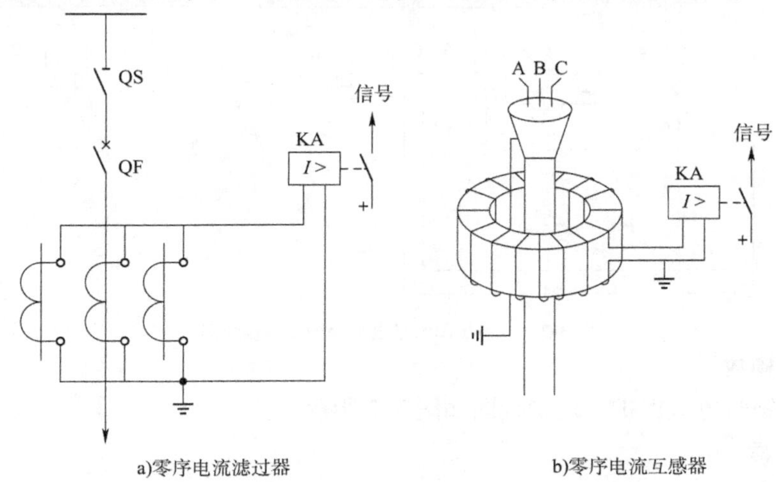

图3-6　零序电流的获取

零序过流保护不反应三相和两相短路,在正常运行和系统发生振荡时也没有零序分量产生,所以它有较好的灵敏度。但零序过流保护受电力系统运行方式变换影响较大,灵敏度因此降低。

如图3-6所示,为取得零序电流,对于架空线路,可以采用零序电流滤过器;对于采用电缆引出的送电线路,广泛采用零序电流互感器。

对于图3-6b)而言,发生接地故障时,接地电流不仅可能在地中流动,还可能沿着故障线路电缆的导电外皮或非故障电缆的外皮流动。正常运行时,地中杂散电流也可能在电缆外皮上流过。这些电流可能导致保护的误动作、拒绝动作或使其灵敏度降低。为了解决这个问题,在安装零序电流互感器时,电缆头应与支架绝缘 ,并将电缆头的接地线穿过零序电流互感器的铁芯窗口后再接地。这样,沿电缆外皮流动的电流来回两次穿过铁芯,互相抵消,因而在铁芯中不会产生磁通,这就不至于影响保护的正确工作。

因为不存在铁芯磁化特性不相同的可能,零序电流互感器与零序电流滤过器相比,主要的优点是没有不平衡电流,同时接线也比较简单。可以降低电流继电器整定值,提高灵敏度。

六、低电压闭锁过电流保护

1. 工作原理

在单纯的电流保护中,灵敏度最高的就是定时限过电流保护,其动作值按照“躲开正常运行情况下的最大负荷电流”原则来整定。被保护对象如果是电动机,其启动电流相当大,按此原则计算出来的动作值也比较大,有可能出现灵敏度不满足要求的情况。可以利用此时设备上的电压下降不多(不低于 70% U_e)的特征构成闭锁条件,从而降低保护动作值,提高灵敏度,如图 3-7 所示。

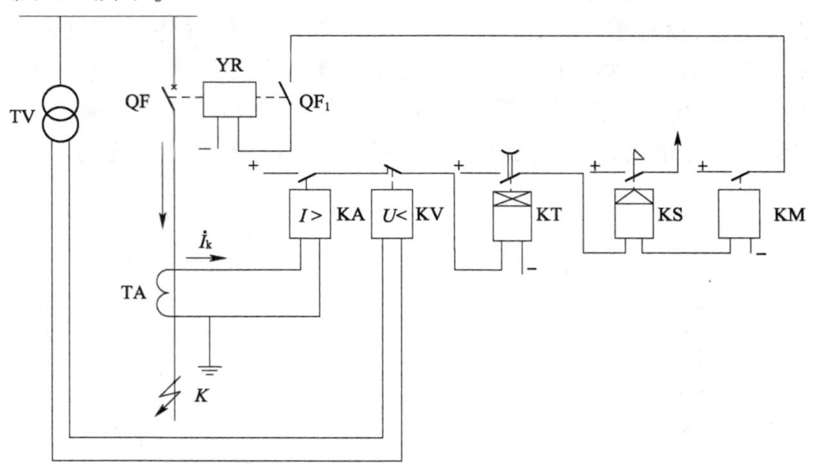

图 3-7 低电压闭锁过电流保护原理接线图

2. 保护的构成

低电压闭锁过电流保护原理接线图如图 3-7 所示。

3. 动作过程

(1)正常时

通过设备的电流低于 KA 动作值,母线处电压为 U_e,KA 常开接点、KV 常闭接点均断开,保护不会启动。

(2)电动机自启动时

通过设备的电流大于 KA 动作值,但母线处电压不低于 70% U_e,而低电压继电器 KV 的动作值一般小于 70% U_e, KA 接点闭合,但 KV 接点断开,保护不会启动。

(3)对象故障时

通过设备的电流是短路电流,KA 动作;母线处电压下降为残压,一般低于 60% U_e,KV 动作。经时间继电器延时后,接通 KS 线圈和 YR 线圈, KS 接通信号回路,发出相应信号,YR 完成 QF 跳闸任务。

(4)TV 二次侧熔断器熔断时

熔断相的 KV 动作,接通 KV 线圈,但因 KA 未动作,保护不会误动;如此时设备过负荷,则 KA 动作,保护误动。故运行中应密切监视 TV 二次侧断线信号并及时处理,如无法及时排除,则应将保护退出运行,待恢复正常后再投入。

单元 3.2 电 压 保 护

利用被保护对象上电压突然增大使保护动作而构成的保护装置,称为过电压保护。利用被保护对象上电压突然下降使保护动作而构成的保护装置,称为低电压保护。

一、电压速断保护

线路发生相间短路故障时，总是伴随有电流的增大和电压的降低。能反映电压降低而动作的保护，称为低电压保护。当发生故障时，电压下降到一定数值后，能反映电压降低而瞬时动作切除故障的保护成为电压速断保护。

如图3-8所示的动作特性，相似于电流速断保护的分析，可以求出线路上各点短路时，母线A和B上的残余电压分布的曲线，当系统最小运行方式时，由于I_k最小，因此其残余电压最低（曲线Ⅱ），而当最大运行方式时，残余电压为最高（曲线Ⅰ）。

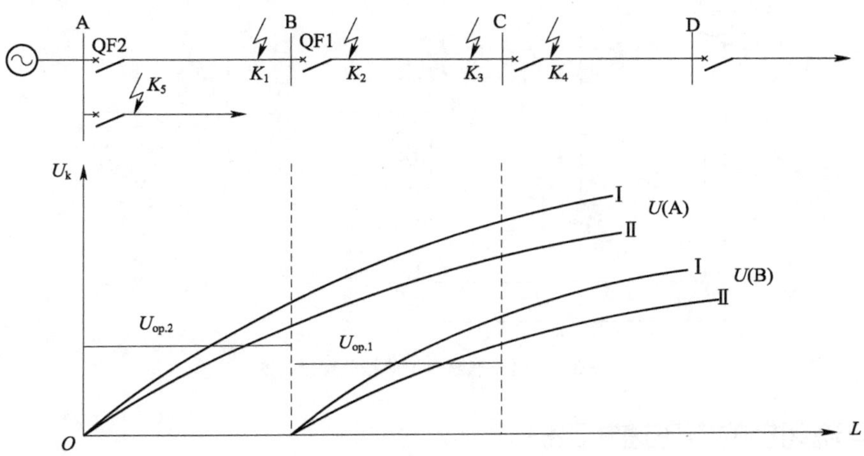

图3-8 电压速断保护动作特性的分析

对保护1而言，为了保证在K_4点短路时可靠不动作，就必须选择其动作电压低于K_4点短路时在B母线上的最小残余电压$U_{k\cdot C\cdot min}$（即在最小运行方式下的电压），即

$$U_{op\cdot 1}=\frac{U_{k\cdot C\cdot min}}{K_{rel}} \tag{3-8}$$

式中：K_{rel}——可靠系数，一般取值为1.1～1.2；

$U_{op\cdot 1}$——保护1动作电压。

对保护2来讲，按照同样的原则，其动作电压应小于在最小运行方式下K_2点短路时，变电所A母线上的最低残余电压$U_{k\cdot B\cdot min}$，即

$$U_{op\cdot 2}=\frac{U_{k\cdot B\cdot min}}{K_{rel}} \tag{3-9}$$

式中：K_{rel}——可靠系数，一般取值为1.1～1.2；

$U_{op\cdot 2}$——保护2动作电压。

将动作电压的数值画在图3-8上，它与曲线Ⅰ和Ⅱ各有一个交点，在交点以前短路时，母线残余电压均低于其动作电压，保护装置能够动作。因此电压速断保护也不能保护线路全长，在最小运行方式下的保护范围最大，而在最大运行方式下的保护范围则为最小。

电压速断保护由电压元件、中间元件和信号元件组成，其单相原理接线如图3-9所示。

需要说明的是，在城市轨道交通直流供电系统中，低电压保护其作用和定时限过流保护

一样，作为电流上升率保护的后备保护，一般与其他保护形式互相配合，不作为单独的保护使断路器跳闸。它的整定值及延时必须与列车正常运行时的运行情况互相配合，应考虑最大负载下列车的启动电流和启动持续时间，还要考虑在一个供电区内多辆列车连续启动的情况。当发生短路故障时，直流输出电压迅速下降很多，当输出电压小于整定值时，保护启动，在一定的延时时内输出电压一直保持小于整定值，则低电压保护发出动作信号。

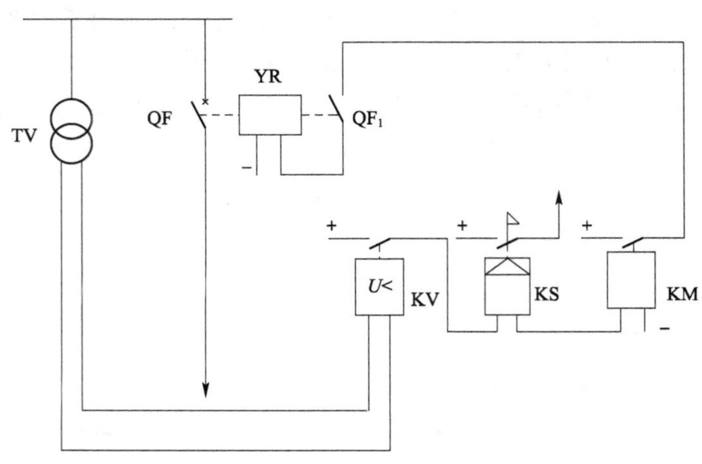

图 3-9　电压速断保护单相原理接线图

二、电流闭锁的电压速断保护

如图 3-8 所示，当由同一母线上引出的其他线路上发生短路时（例如 K_5 点），变电站母线上的电压也要降低，如此时 A 母线上的残余电压，低于保护 2 的动作电压时 $U_{op\cdot 2}$，则保护 2 就要无选择性的动作。此外当电压互感器一次或二次侧发生断线（例如熔断器熔断等）时，二次侧电压被迫为零，也会引起所有有关线路上的低电压速断保护误动作，这是不能容许的。为了解决这些问题，通常是采用被保护线路上的电流是否有增大来进行判别，即采用电流闭锁方式来防止低电压保护误动作。

例如：当 K_5 点短路时，故障线路上流过的是短路电流，其值大于正常运行时的最大负荷电流，而在其他无故障线路上的电流则小于自身的负荷电流。又如：当电压互感器回路发生断线时，仅是使其二次侧的电压变为零，而电力系统中并没有发生故障，因此由 A 母线上供电的各条线路中，流过的仍为各自的负荷电流。

由此可见，必须在每个电压速断保护中增加一个电流闭锁元件，只有当电流和电压两个元件同时动作时，保护才能动作于跳闸。

电流闭锁电压速断保护的单相式原理接线如图 3-10 所示。

三、中性点非直接接地系统中的零序电压保护

在中性点非直接接地系统中，发生单相接地时，因无法构成短路回路，在故障点上流过比负荷电流小得多的电流，所以称为小电流接地系统。由于小接地电流系统发生单相接地时的零序电流也较小，三相之间的线电压仍然保持对称，对负荷的供电没有影响，所以在一

般情况下都允许再继续运行1～2h。在此期间,其他两相的对地电压要升高$\sqrt{3}$倍,为了防止故障进一步扩大造成两相或三相短路,应及时发出信号,以便运行人员查找发生接地故障,采取措施予以消除。所以,单相接地时一般只要求继电保护能选出接地的线路并能及时发出信号,而断路器不必跳闸。因此,常采用零序电压构成接地保护——接地绝缘监察装置,如图3-11所示。当单相接地危及人身和设备安全时,断路器应动作跳闸。

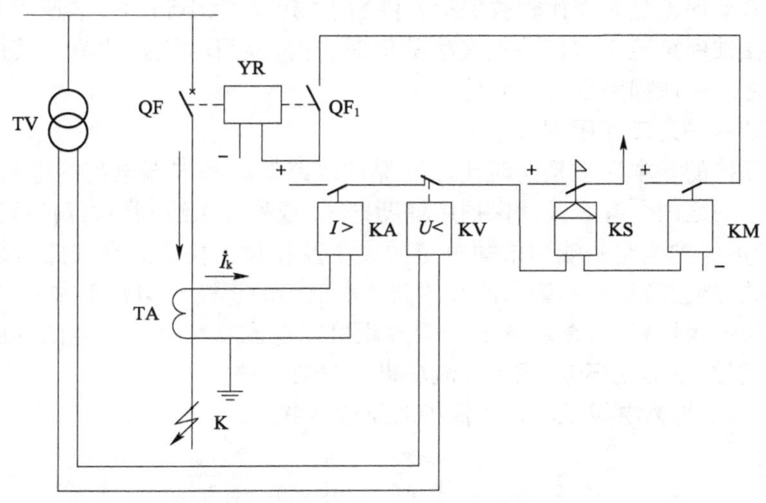

图3-10　电流闭锁电压速断的单相式原理接线图

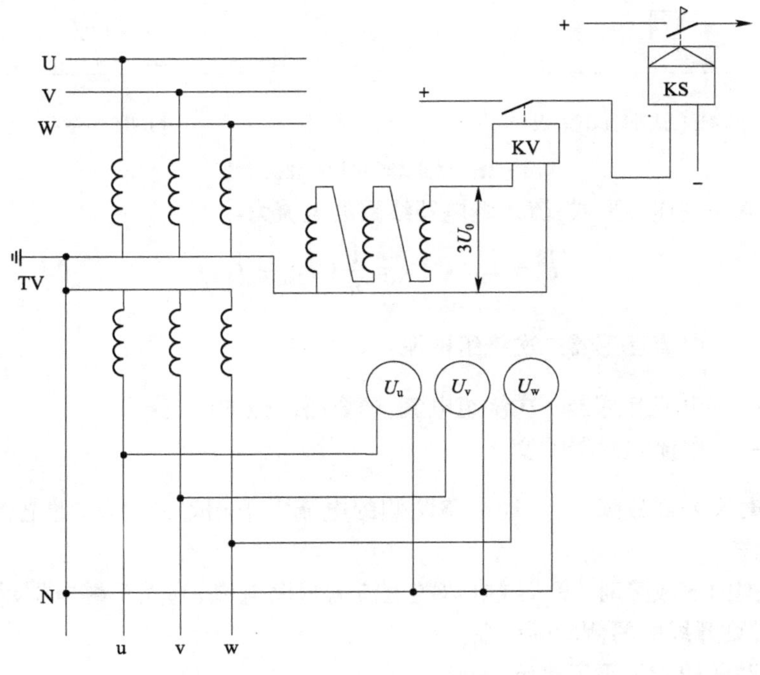

图3-11　绝缘监察装置接线图

想一想　过电流保护采用低电压启动的目的是什么?

单元3.3 纵联差动保护

一、输电线纵联差动保护

线路纵联差动保护是利用比较被保护元件始末端电流大小和相位的原理来构成输电线路保护的。当在被保护范围内任一点发生故障时,它都能瞬时切除故障。其保护范围为两侧电流互感器之间一次回路各电气元件。

1.纵联差动保护的工作原理

纵联差动保护的基本原理是同时比较被保护线路始端和末端电流的电气量,判断故障是否在本线路范围之内。纵联差动保护用辅助导线(或称导引线)将被保护线路两侧的电量连接起来,比较被保护线路始端与末端电流的大小及相位而构成。在线路两侧装设性能和变比完全相同的电流互感器,两侧电流互感器一次回路的正极性均置于靠近母线的一侧;二次侧回路用电缆同极性相连,差动继电器则并联接在电流互感器二次侧的环路上。在正常运行情况下,导引线中形成环流,成为环流法纵联差动保护。

如图3-12所示为输电线纵联差动保护的原理示意图。

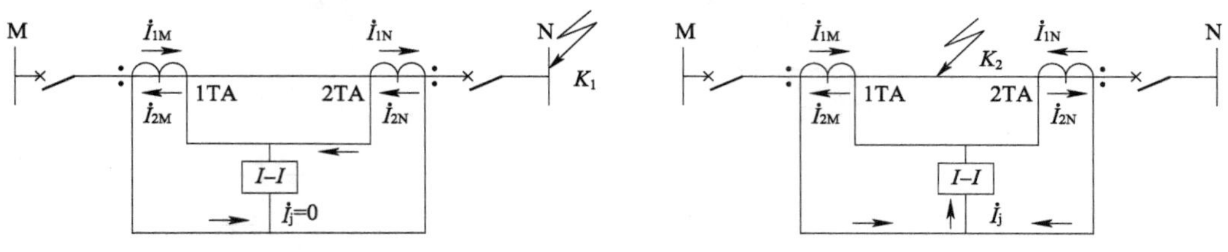

图3-12 线路差动保护原理接线图

差动继电器并联连接形式,流入继电器线圈的电流为:

$$\dot{I}_j = \dot{I}_{2M} + \dot{I}_{2N} = \frac{1}{n}(\dot{I}_{1M} + \dot{I}_{1N}) \tag{3-10}$$

式中:$\dot{I}_{2M}$、$\dot{I}_{2N}$——电流互感器二次绕组电流;

$\dot{I}_{1M}$、$\dot{I}_{1N}$——电流互感器一次绕组电流,即线路两侧的电流;

n——电流互感器的变比。

正常运行时及外部故障时,流经线路两侧的电流大小相等,即流入继电器的电流 $\dot{I}_j=0$,继电器不动作。

在保护范围内部故障时,流入继电器的电流为短路电流,当大于继电器动作电流时,继电器动作,瞬时跳开线路两侧的断路器。

2.纵联差动保护的不平衡电流

实际上,由于电流互感器存在励磁电流,即有误差,且两侧电流互感器的励磁特性不一致,则在正常运行或保护范围外部发生故障时流入差动继电器的电流不为零,这个电流成为差动保护的不平衡电流 $\dot{I}_{unb}$。

3. 纵联差动保护的应用

纵联差动保护的优点是全线速动，不受过负荷及系统振荡影响，灵敏度高。但用于保护输电线时，还存在下列问题：

(1)需敷设与被保护线路等长的辅助导线，且要求电流互感器的二次负载阻抗满足电流互感器10%的误差要求。这在经济上、技术上都难以实现。

(2)需装设辅助导线断线与短路的监视装置，在辅助导线断线时应将纵联差动保护闭锁。否则，辅助导线断线后，在区外发生故障时会造成无选择性动作。辅助导线短路后会造成区内故障拒动。

二、变压器纵联差动保护

1. 变压器纵联差动保护的原理

变压器纵联差动保护主要是用来反映变压器绕组、引出线及套管上的各种短路故障，是变压器的主保护。它反映了被保护变压器各端流入和流出电流的相量差，对双绕组变压器实现纵联差动保护的原理接线如图3-13所示。

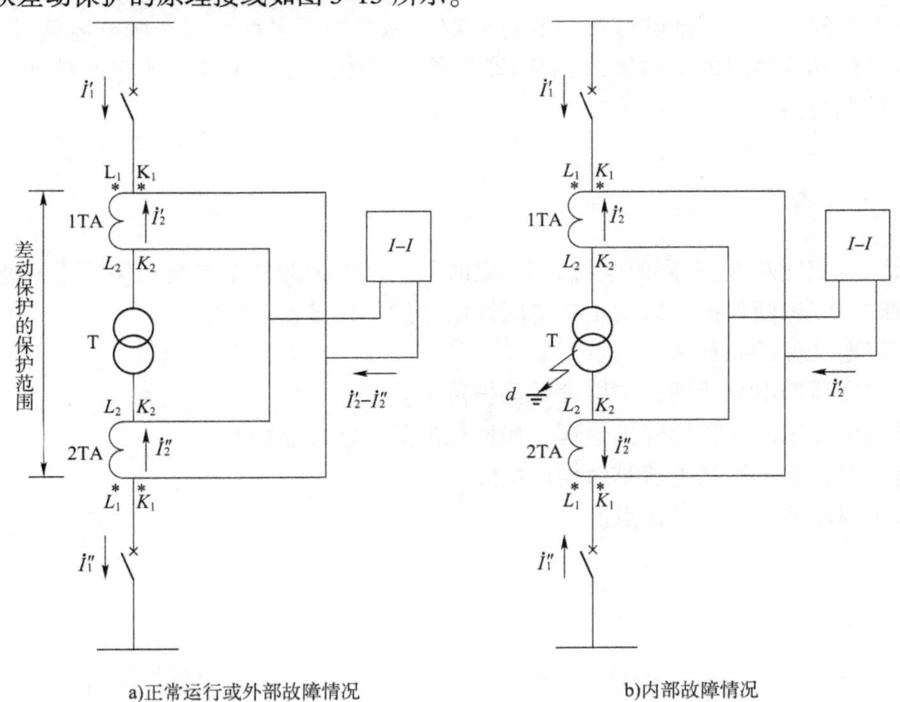

a)正常运行或外部故障情况　　b)内部故障情况

图3-13　双绕组单相变压器纵联差动原理接线图

1)变压器正常运行或外部故障时

电流方向如图3-13a)所示，理想情况下 $\dot{I}_2' = \dot{I}_2''$大小相等且方向相反，电流继电器中无电流，因为 $\dot{I}_j = \dot{I}_2' = \dot{I}_2'' = 0$，电流继电器不动作。

2)变压器内部故障时

假设变压器在 d 点短路,如图 3-13b)所示,分以下两种情况说明:

(1)单台变压器运行时,$\dot{I}_2''=0$,电流继电器中的电流 $\dot{I}_j=\dot{I}_2'$大于电流继电器动作电流,继电器动作。

(2)两台变压器并列运行时,$\dot{I}_1''$反向,$\dot{I}_2''$也反向,继电器中电流为 $\dot{I}_j=\dot{I}_2'=\dot{I}_2''$,远远大于电流继电器动作电流,继电器动作。差动保护动作后,瞬时断开变压器两侧的断路器。

2. 变压器纵联差动保护的整定原则

变压器正常运行或外部故障时,其差动回路有电流产生,此电流称为不平衡电流 $\dot{I}_{unb}$。为了防止差动保护误动,所以保护的动作电流应按躲开外部故障时引起的最大不平衡电流 $\dot{I}_{unb.max}$来整定,即

$$\dot{I}_{op}=K_{rel}\dot{I}_{unb.max} \tag{3-11}$$

从式(3-11)可知,不平衡电流越大,继电器的动作电流也越大;而动作值大,又将降低内部短路时保护动作的灵敏度。因此,减小不平衡电流及其对保护的影响,是变压器纵差保护要解决的主要问题。为了能够可靠地躲过外部故障时的不平衡电流和励磁电流,同时又能提高变压器内部故障时的灵敏度,在变压器纵差保护中广泛采用具有比率制动和二次谐波制动的差动继电器。

1. 瞬时电流速断保护、限时电流速断、定时限电流保护的整定原则和保护范围是什么?
2. 瞬时电流速断保护原理图中的中间继电器的作用是什么?
3. 零序电流保护有什么优缺点?
4. 简述变压器电流速断保护原理及保护范围。
5. 试述电压速断保护的保护原理。如何提高其工作可靠性?
6. 差动保护的不平衡电流是怎样产生的?
7. 试述纵联差动保护的优点。

单元4　城市轨道交通中压系统保护

【知识目标】

1. 掌握中压系统保护配置。
2. 掌握中压系统保护配合。
3. 掌握中压系统电气联锁、闭锁。

【能力目标】

能说明中压系统保护的设置与配合。

【素质目标】

培养安全意识、思考能力和自我学习、团结合作的精神。

单元4.1　中压系统保护配置

一、中压系统介绍

1. 中压供电网络电压等级

国内城市轨道交通的中压供电网络通常采用的电压等级为10kV和35kV(若采用国外设备则为33kV)。如北京地铁(10kV)、长春轨道交通(10kV)、武汉地铁2号线(35kV)、深圳地铁(35kV)、广州地铁(33kV)等。

2. 中压供电网络概念

中压供电网络是通过中压电缆,纵向把上级主变电所和下级牵引变电所、降压变电所连接起来,横向把全线的各个牵引变电所、降压变电所连接起来,构成了中压供电网络,一般采用电缆线路、环网供电方式。

(1)根据网络的功能不同,可分为:

①牵引网络——专为牵引变电所供电。

②供配电网络——专为降压变电所供电。

(2)根据网络的结构形式不同,可分为:

①混合网络——牵引变电所和降压变电所采用同一电压等级共用一个中压供电网络,称为混合网络,这是我国目前通常采用的一种中压供电网络。

②独立网络——牵引变电所和降压变电所采用各自专用的中压供电网络,称为独立网

络。例如上海地铁1、2号线采用的是不用电压等级35kV和10kV的独立网络。

二、中压系统保护配置

对于中压系统保护的配置,应结合系统故障或异常运行,设置相应的保护。

中压系统的保护包括主变电所中压进线保护、中压馈线保护、中压母线分段开关保护;电源开闭所进线保护、中压联络馈线保护、母线分段开关保护;变电所进线保护、联络馈线保护、母线分段开关保护、母线PT(线路PT)保护、牵引整流机组保护和配电变压器保护。

1. 主变电所保护配置

1)主变电所中压进线保护

(1)电流速断保护;

(2)过电流保护 ;

(3)零序电流保护;

(4)过负荷保护。

对于相间短路故障,装设电流速断保护和过电流保护。

对于单相接地短路,当变压器中性点直接接地时,装设零序电流保护;当主变压器中性点非直接接地时,在中压母线上装设零序电压报警装置。

对可能出现过负荷的电缆线路,应装设过负荷保护。保护装置带时限动作于信号,当危及设备安全时,可动作于跳闸。

2)主变电所中压馈线保护

(1)电流速断保护;

(2)过电流保护;

(3)线路纵联差动保护;

(4)零序电流保护。

对于相间短路,装设电流速断保护和过电流保护。当采用电流速断保护和过电流保护不能满足选择性、灵敏性或速动性的要求时,可采用线路纵联差动保护作为主保护,过电流保护作为后备保护。

3)主变电所中压母线分段开关保护

(1)过电流保护;

(2)速断保护。

其中速断保护仅在分段开关合闸瞬间投入,合闸完成后自动解除。

2. 电源开闭所保护配置

1)电源开闭所进线保护

(1)电流速断保护;

(2)过电流保护;

(3)零序电流保护。

对于相间短路,应装设电流速断保护和过电流保护。电流速断保护分为无时限速断保护和带时限速断保护。当不允许带时限切除短路故障时,应设无时限速断保护;当无时限速断保护不能满足选择性动作时,可设带时限速断保护。

对于单相接地短路，保护装置的处理方式与主变电所中压进线保护配置相同。

2）电源开闭所中压馈线保护

（1）电流速断保护；

（2）过电流保护；

（3）线路纵联差动保护；

（4）零序电流保护。

对于相间短路，应装设电流速断保护和过电流保护。电流速断保护分为无时限速断保护和带时限速断保护。当不允许带时限切除短路故障时，应设无时限速断保护；当无时限速断保护不能满足选择性动作时，可设带时限速断保护。

当采用电流速断保护和过电流保护不能满足选择性、灵敏性或速动性的要求时，可采用线路纵联差动保护作为主保护，过电流保护作为后备保护。

对于单相接地短路，保护装置的处理方式与主变电所中压进线保护配置相同。

3）电源开闭所母线分段开关保护

（1）电流速断保护；

（2）过电流保护；

（3）合环选跳保护。

其中，速断保护仅在分段开关合闸瞬间投入，合闸完成后自动解除。

另外，可以在电源开闭所（站）选择设置合环选跳保护，此保护方式应与当地电力部门协调好。合环选跳是指在特殊情况下（例如当上一级供电单位因检修线路等情况停电时），进线开关和母线分段开关在倒闸切换过程中，为了不影响供电的连续性，当两个进线电源投入工作时，允许母线分段开关短时合闸，此时，两个进线开关和母线分段开关处于选跳状态。然后再将检修段的电源停下，由另一路电源对Ⅰ、Ⅱ段母线并联供电。

合环选跳转换开关设置在母线分段开关柜上，如图4-1所示，该转换开关设4个位置："选跳201"、"选跳202"、"选跳245"、"断"。正常运行时，合环选跳转换开关置于"断"位。当采用合环选跳方式时，合环选跳转换开关置于合环选跳位，可以合环选跳1号进线开关201、2号进线开关202或母线分段开关245，视合环倒路的目的而定。

如图4-2所示，正常运行时201、202、245开关存在"三选二"的闭锁关系，即：三个开关中只有两个合闸，不允许三个同时合闸。只有用合环选跳开关进行选跳操作，三选二的闭锁关系才解除，允许三个开关同时合闸，进行短时间的合环运行。

①原运行方式为201、202合闸、245分闸，若201需要停电清扫，操作步骤为：合环选跳开关至"选跳201"→手动合上245（此时应有一个合环电流通过202、245、201）→201自动跳闸（若合环电流太小201不跳，则需手动让201跳闸）。运行方式变为202、245合闸、201分闸。

②清扫完毕，若需要恢复正常运行方式：201、202合闸、245分闸，操作步骤为：合环选跳开关至"选跳245"→手动合上201（合环）→245自动跳闸（若245不跳，则手动让245跳闸）。

3. 牵引变电所保护配置

1）牵引变电所进线保护

（1）电流速断保护；

(2)过电流保护;

(3)线路纵联差动保护;

(4)零序电流保护。

牵引变电所进线保护装置的处理方式与电源开闭所中压馈线保护相同。

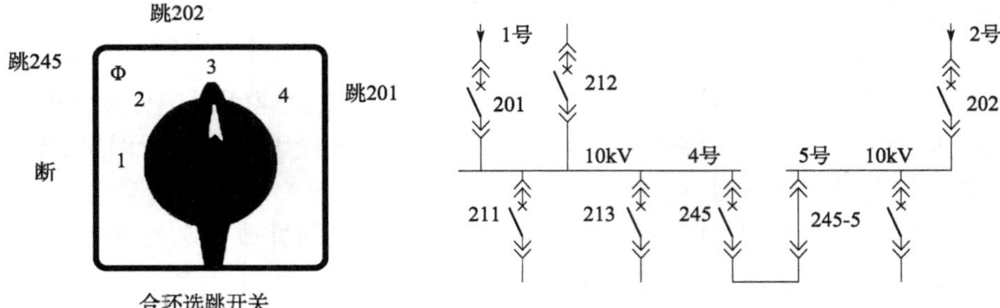

图4-1 合环选跳开关示意图

图4-2 电源站主接线简化图

2)牵引变电所馈线保护

(1)电流速断保护;

(2)过电流保护;

(3)线路纵联差动保护;

(4)零序电流保护。

牵引变电所馈线保护装置的处理方式与电源开闭所中压馈线保护相同。

3)牵引变电所母线分段开关保护

(1)过电流保护;

(2)速断保护。

其中速断保护仅在分段开关合闸瞬间投入,合闸完成后自动解除。

4)牵引变电所母线PT(线路PT)

(1)PT断线报警。

PT断线报警:母线PT或线路PT一次回路熔断器熔断信号、二次回路微断开关的分闸信号,若母线PT或线路PT装在隔离手车上,还应包括PT手车的非工作位置信号。

(2)零序电压报警。

母线PT:零序电压报警适用于中压消弧线圈接地系统,采用三相五柱式PT,通过开口三角形绕组测零序电压,可以监视系统是否发生接地故障。

5)牵引整流机组保护

(1)速断保护。

用于保护牵引变压器一次侧短路。

(2)过电流保护。

用于保护牵引变压器的过负荷、二次侧短路和直流母线短路。

(3)过负荷保护。

属于选配功能。由于牵引整流机组有较高的过负荷能力,因此可不设过负荷保护,若要设置过负荷保护,则应为过负荷报警。

(4)温度保护。

分为牵引变压器过温报警、牵引变压器超温跳闸、整流器过温报警、整流器超温跳闸。

(5)零序过流保护。

属于选配功能。适用于小电阻接地系统。若过流保护满足灵敏度要求时,可不设。若过流保护无法满足灵敏度要求时,还需单独设置零序过流保护。

(6)整流器硅元件保护。

整流器硅元件的设置有两种形式:一个臂上设一个硅元件;一个臂上设两个硅元件并联。

①一个臂上设一个硅元件的整流器,其硅元件保护应为一个硅元件故障启动保护跳闸。

②一个臂上设两个硅元件的整流器,其硅元件保护分两种:当同一个臂上的一个硅元件故障时,只报警;当同一个臂上两个硅元件均故障时,应启动保护跳闸。

(7)被直流设备框架泄漏保护联跳。

当直流设备框架泄漏保护启动后,联跳牵引整流机组中压侧馈线开关以及本站内所有直流断路器及相邻牵引变电所直流馈线断路器,将本站内直流牵引供电系统完全断电隔离。

(8)联跳直流进线开关。

适用于直流进线开关为断路器的情况。当直流进线采用隔离开关时,没有此功能。

当牵引整流机组中压侧馈线开关跳闸后,联跳直流进线开关,可以将牵引整流机组断电隔离。

6)配电变压器保护

(1)过负荷保护。

过负荷保护实际就是电流保护,它是反映变压器过负荷运行状态的一种保护,在一定范围内和短时间里的过负荷,断路器不会跳闸,只是作为一种不正常运行来监视,所以一般过负荷保护延时较长,只发预告信号,它的动作电流应按躲过变压器额定电流进行整定。

(2)过电流保护。

一般情况下,当配电变压器容量较小时,配电变压器中压侧可以采用熔断器保护,也可采用断路器配置的微机综合保护装置。

当配电变压器容量较大时,配电变压器中压侧应采用断路器配置的微机综合保护装置,设置过负荷保护、过电流保护,而当过电流保护时限大于0.5s时,还应装设电流速断保护。

(3)温度保护。

温度保护分为过温报警和超温跳闸。

三、典型中压系统保护配置

以某地铁典型变电站10kV系统为例,分析电源开闭站、牵引变电站、降压变电站、电源牵引降压混合站的中压系统保护配置情况。

变电站内设置继电保护及自动装置,实现对所内及本所供电范围内供电设备的故障切除、报警信息的发送及自动改变系统设备运行模式,以保证供电系统的安全运行。继电保护装置采用微机型综合自动化装置。该保护装置符合可靠性、选择性、灵敏性、速动性的要求,保护配置简单合理。继电保护装置采用分布式分散布置,在各保护间隔单元可以单独设置,也可以与监控间隔单元合并设置,保护间隔单元通过网络接口接入全所自动化网络,实现与所内主监控单元及其他间隔单元的通信。继电保护的动作具有独立性,即使所内局域发生故障时，保护监控单元仍然能够可靠的动作。

保护配置原则：

(1)提高供电的可靠性。

(2)提高保护的选择性。

(3)开关拒动时可越级跳闸。

(4)在任何运行状态下不能失去保护。

(5)实现故障的快速隔离与系统供电恢复。

(6)实现故障的快速隔离，优先考虑距离故障点最近的电源恢复系统供电。

1. 电源开闭站保护配置

电源开闭站负责向供电分区供电。如图 4-3 所示，电源开闭站两路进线直接从地方供电局引进 10kV 电压，分别经开关送电到本站 10kV 的 4 号母线和 5 号母线上，然后通过 10kV 馈出开关供给本区域的牵引变电站、降压变电站作为进线电源。

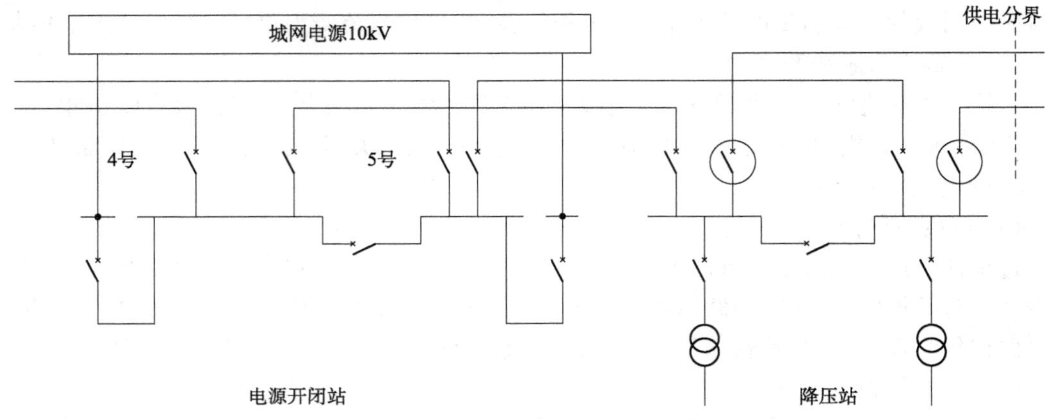

图 4-3 电源开闭站供电简化示意图

1)电源开闭站保护配置方案

以某地铁 10kV 系统为例，说明电源开闭站中压系统保护配置方案，如表 4-1 所示。

电源开闭站 10kV 系统保护配置方案 表 4-1

序 号	回路及调度号	保 护 类 型
1	进线 201、202	低压闭锁过流后加速保护
		零序过流保护
		过流保护
		失压保护
2	联络馈线 211、212 213、221 222、223	过流保护
		零序过流保护
		失压保护
		纵差保护
3	母线分段 245	过流保护
		合环选跳功能
		备用电源自投功能

2)保护的配合

(1)当电源开闭站母线发生短路故障时,由进线的低压闭锁过流后加速保护动作,进线开关瞬时跳闸,和进线过流保护的0.5s有选择性地配合。

(2)当电源开闭站馈出线发生短路故障时,纵联差动保护瞬时动作,将线路两侧开关断开,保证环线上流过穿越性故障电流时,其他保护不会误动作。

(3)在中性点经小电阻接地的电力系统中,当10kV母线发生单相接地故障时,零序过流保护动作,进线开关跳闸。

想一想 如图4-4所示,当 K_1、K_2 点分别发生短路故障时,保护该如何动作?

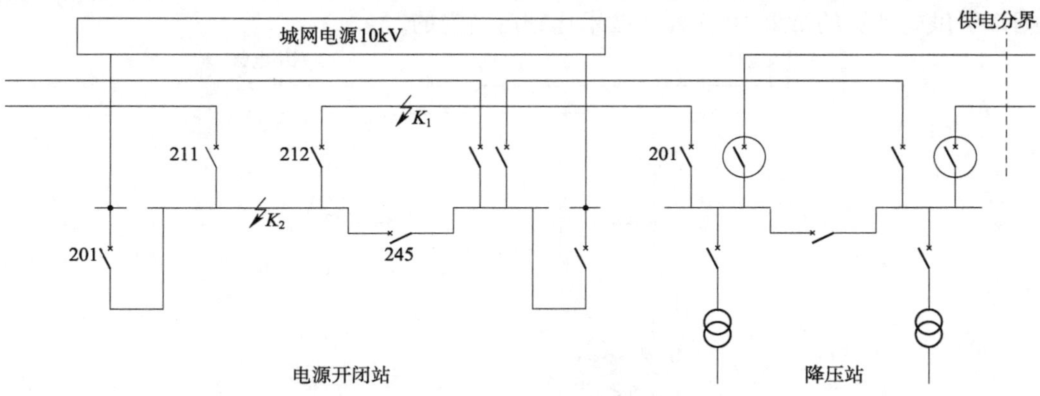

图4-4　电源开闭站故障示意图

分析如下:

(1)当 K_1 点发生相间短路故障时,纵联差动保护瞬时动作,将线路两侧开关即本所馈线开关212、降压所进线开关201断开。

(2)当 K_2 点发生相间短路故障时,进线开关201的低压闭锁过流后加速保护动作,跳开201开关,同时跳开母线上连接的所有环线开关211、212,通过光纤通道联跳对侧环线开关如降压所进线开关201,并闭锁电源开闭站备自投。

练一练 故障排查,如表4-2所示。

任务1　电源进线故障排查　　表4-2

故障现象	201跳闸,245合闸;警笛响
微机保护装置显示	201保护装置分闸绿灯亮,保护灯亮; 245保护装置合闸红灯亮; 245-5保护装置保护灯亮; 245-5液晶显示:BGYY 06　BGLB 02　MXD 01; 201液晶显示:BGYY 06　BGLB 02　QDYJ 05 QDTD 10 CKYJ 05
上位机显示	201开关柜分闸绿灯亮,保护灯亮; 245开关柜合闸红灯亮; 245-5保护装置保护灯亮; 断路器位置变; 245-5液晶显示:BGYY 06　BGLB 02　MXD 01; 201液晶显示:BGYY 06　BGLB 02　QDYJ 05　QDTD 10　CKYJ 05

续上表

上位机监控系统显示	一次系统图、10kV 系统图开关变位； 10kV I 段 201 电流表无显示； 中央信号屏光字牌：备自投报警信号"备自投动作"、"进线开关柜分"、"母联开关柜合"亮
判断故障原因	201 开关进线失压

2. 牵引变电站保护配置

如图 4-5 所示，牵引变电站的功能是将电源站送来的 10kV 交流电源经降压整流后，变换为直流牵引网相应电压等级的直流电，向电动车组供电。牵引站的容量和设置的位置是根据牵引供电计算的结果，并作经济技术比较后确定的。

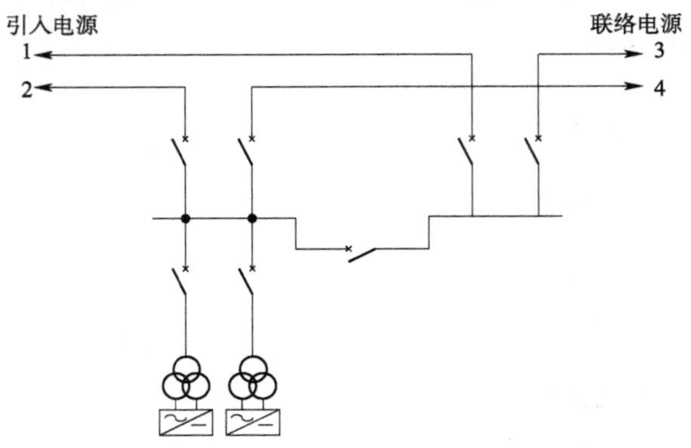

图 4-5　牵引变电站简化示意图

1）牵引变电站保护配置方案

以某地铁 10kV 系统为例说明牵引变电站中压系统保护配置方案，如表 4-3 所示。

牵引变电站 10kV 系统保护配置方案　　表 4-3

序　号	回路及调度号	保　护　类　型
1	进线 201、202	低压闭锁过流后加速保护
		零序过流保护
		纵差保护
		过流保护（后备保护）
		失压保护
2	联络开关 214、224	过流保护
		零序过流保护
		失压保护
		纵差保护
3	母线分段 245	过流保护
		备用电源自投功能
4	牵引变压器馈线 236、237	速断保护
		过流保护
		零序过流保护

续上表

序　号	回路及调度号	保　护　类　型
4	牵引变压器馈线 236、237	过负荷报警
		过温报警
		超温跳闸
		整流器一个硅元件故障报警
		整流器同臂两个硅元件故障跳闸
		被直流设备框架泄漏保护联跳

2)保护的配合

(1)在牵引变压器一次侧短路时,速断保护动作,断开机组开关236(237)。

(2)牵引变压器馈线过流保护主要保护牵引变压器二次侧和直流母线,也可作为速断保护的后备保护。

(3)牵引变压器过负荷保护为过负荷报警,不跳闸。

(4)当整流器一个硅元件故障时,硅元件保护报警;当整流器同一桥臂两个硅元件故障时,硅元件保护动作,跳开机组开关236(237)。

(5)当直流设备框架泄漏保护启动后,联跳牵引整流机组开关236(237)以及本站内所有直流断路器及相邻牵引变电所直流馈线断路器,将本站内直流牵引供电系统完全断电隔离。

(6)后备过流保护,只有在纵差保护退出时才投入。

想一想 如图4-6所示,当K_1、K_2点分别发生短路故障时,保护该如何动作?

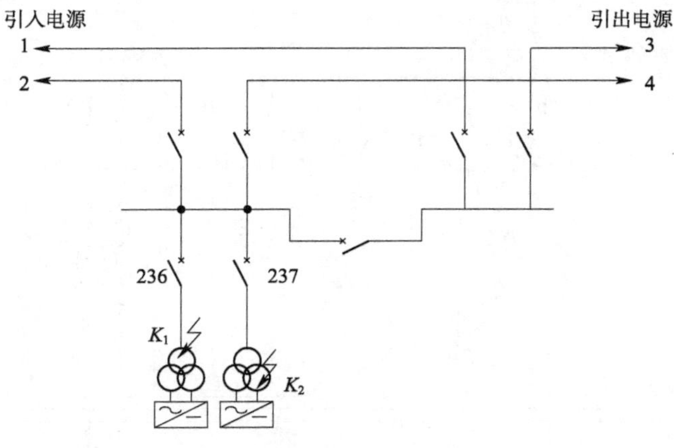

图4-6　牵引变电站故障示意图

分析如下:

(1)当变压器高压侧绕组短路时,如K_1点短路故障,则机组开关236的速断保护动作,断开236开关。

(2)当变压器低压侧绕组短路时,如K_2点短路故障,则机组开关237的过流保护动作,断开237开关。

练一练 故障排查,如表4-4所示。

任务2　牵引机组故障排查　　表4-4

故障现象	236 跳闸,60 被联跳
微机保护装置显示	236 保护装置分闸绿灯亮,保护灯亮; 236 液晶显示:BGYY 06　BGLB 02　QDYJ　CKYJ; 警笛响
上位机显示	236 开关柜分闸绿灯亮,保护灯亮; 236 液晶显示:BGYY 06　BGLB 02　QDYJ　CKYJ; 警笛响
上位机监控系统显示	一次系统图、10kV、750V 系统图开关变位; 236 三相电流表无指示,60 总闸电流表无指示; 中央信号屏光字牌:236 报警信号"1#整流柜硅管故障",60 开关报警信号"总闸开关事故跳闸"、"总闸被机组联跳"
判断故障原因	1 号整流柜硅管故障

3. 降压变电站保护配置

如图4-7所示,降压站是将10kV电压经变压器降压成动力、照明所需的380/220V电压,为车站与区间的动力系统、照明系统、通信信号系统提供电源。降压站可与牵引站合并设置,也可单独设置。降压站应按一级负荷考虑,一般设有两台配电变压器,每台变压器应满足一、二级负荷所需的容量。正常情况下,由两台变压器分别供电。

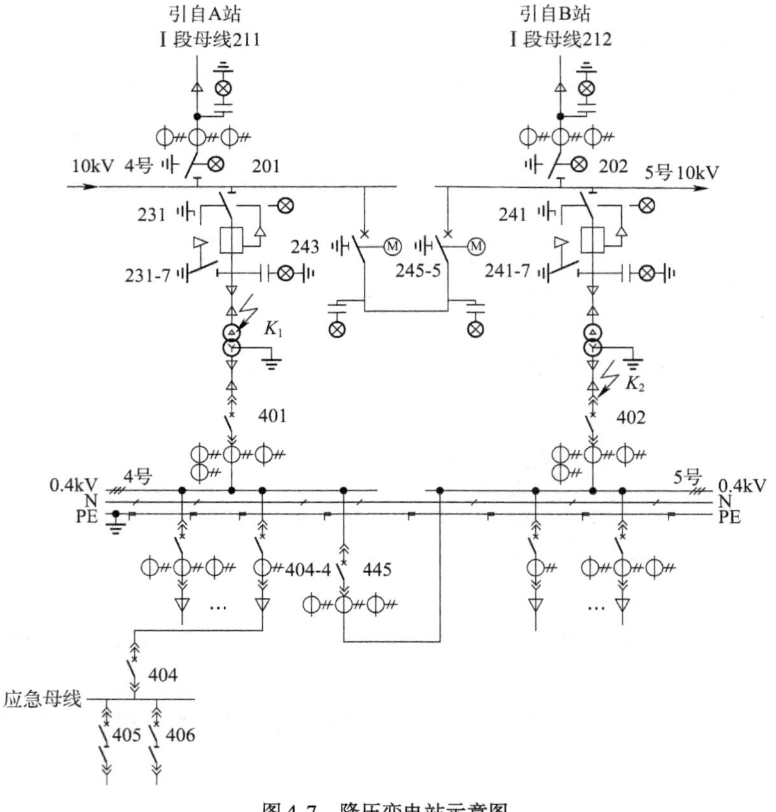

图4-7　降压变电站示意图

1)降压变电站保护配置方案

以某地铁为例说明降压变电站中压系统保护配置方案,如表4-5所示。

降压变电站10kV系统保护配置方案　　表4-5

序　号	回路及调度号	保　护　类　型
1	进线 201、202	低压闭锁过流后加速保护
		零序过流保护
		纵差保护
		过流保护(后备保护)
		失压保护
2	母线分段 245	过流保护
		备用电源自投功能
3	配电变压器馈线 231、241	速断保护
		过流保护
		零序过流保护
		过负荷报警
		过温报警
		超温跳闸

2)保护配合

(1)后备过流保护,只有在纵差保护退出时才投入。

(2)在配电变压器一次侧短路时,速断保护动作,断开动变开关231(241)。

(3)配电变压器馈线过流保护主要保护配电变压器二次侧,也可作为速断保护的后备保护。

(4)配电变压器过负荷保护为过负荷报警,不必跳闸。

想一想　如图4-7所示,当K_1、K_2点分别发生断路故障时,保护该如何动作?

分析如下:

(1)当配电变压器高压侧绕组短路时,如K_1点短路故障,则动变开关231的速断保护动作,断开231开关。

(2)当配电变压器低压侧出口处短路时,如K_2点短路故障,则动变开关241的过流保护动作,断开241开关。

练一练　故障排查,如表4-6所示。

任务3　动变故障排查　　表4-6

故障现象	231跳闸,401跳闸,445合闸;警笛响
硬盘台显示	231保护装置分闸,绿灯亮;保护动作指示灯亮; 401分闸,绿灯亮;445合闸红灯亮; 231液晶显示:QDTD 07　BGYY 06　BGLB 02
软盘台显示	231开关柜分闸,绿灯亮;保护动作指示灯亮; 401分闸,绿灯亮;445合闸红灯亮; 液晶显示:QDTD　07　BGYY 06　BGLB　02

续上表

监控系统显示	开关位置：一次系统图、10kV 系统图 231 开关变位； 401、445 开关变位表计：231 三相电流表无指示 401 电流表无指示，445 电流表有指示，400v 母线电压表指示正常； 中央信号屏光字牌：报警信号：231 动变超温跳闸，401 失压、401 自动跳闸
判断故障原因	231 动变超温

4. 电源牵引降压混合站保护配置

电源牵引降压混合站的保护配置方案如表 4-7 所示。

如图 4-8 所示，同时具备电源开闭站、牵引站、降压站功能的变电站，称为电源牵引降压混合站。

电源牵引降压混合站 10kV 系统保护配置方案 表 4-7

序　号	回路及调度号	保　护　类　型
1	进线 201、202	低压闭锁过流后加速保护
		零序过流保护
		过流保护
		失压保护
2	联络馈线 211、212 221	过流保护
		零序过流保护
		失压保护
		纵差保护
3	联络开关 214、224	过流保护
		零序过流保护
		失压保护
		纵差保护
4	母线分段 245	过流保护
		合环选跳功能
		备用电源自投功能
5	牵引变压器馈线 236、237	速断保护
		过流保护
		零序过流保护
		过负荷报警
		过温报警
		超温跳闸
		整流器一个硅元件故障报警
		整流器同臂两个硅元件故障跳闸
		被直流设备框架泄漏保护联跳
6	配电变压器馈线 231、241	速断保护
		过流保护
		零序过流保护
		过负荷报警
		过温报警
		超温跳闸

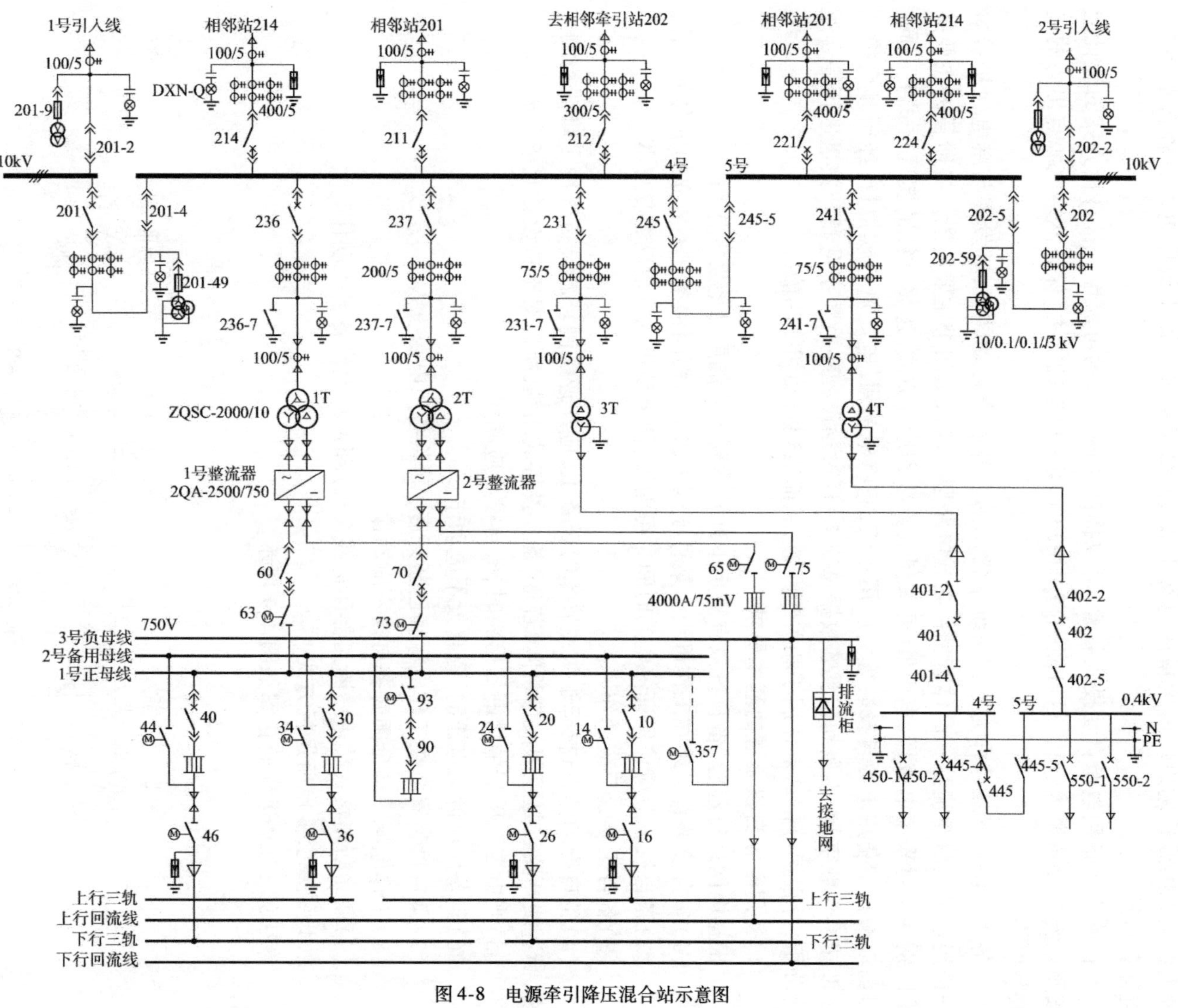

图 4-8　电源牵引降压混合站示意图

四、备用电源自投装置

备用电源自动投入装置就是当工作电源因故障断开以后,能自动而迅速地将备用电源投入到工作中或将用户切换到备用电源上去,从而使用户不致于被停电的一种自动装置,简称备自投。

正确应用备用电源自动投入装置,可以提高电网供电的可靠性。备自投方案的设计应按照系统的特殊要求进行,尽可能提高对用户不间断供电的能力,保证网络电源点出力的连续与可靠。

备用电源自投装置作为电力系统中常用的一种安全自动装置,其发展与继电保护装置一样经过了电磁整流型—晶体管型—集成电路型—微机型四个主要阶段。各阶段的主要技术区别在于对采集电流量、电压量、开关量的方法和运算方式、逻辑功能的实现方式上不同。目前以微机型备用电源自投装置为应用主流,它将电流量、电压量等模拟量,经压频变换器元件转换为数字量,再送到装置的数据总线上,通过预设程序对数字量和开关量进行综合逻辑分析,并根据分析结果作用于相关断路器,从而实现自动切换功能。

1. 备用电源自投装置的基本要求

根据电网运行经验,备自投只有满足下列基本要求才能更好地发挥作用。

(1)备自投装置必须在工作母线因某种原因失去电压而闭锁条件不成立的情况下动作。

(2)备自投装置应该保证停电的时间尽可能短,使电动机的自启动容易一些。

(3)备自投装置只应动作一次。

(4)备自投动作,自投于永久性故障的设备上,应加速跳闸。新设备采用了母线检测方法,断进线断路器是否因故障跳闸,若是,备自投将被闭锁,所以对于新设备此条不成立。

(5)当电压互感器的熔断器熔断时,备自投不应动作。

(6)当备用电源无电压时,备自投不应动作。

(7)备自投装置应在工作电源确已断开后,再将备用电源投入。

(8)工作电源手动分闸时备自投不应动作。

(9)联络断路器代替进线断路器而进线又失压时,不允许备自投动作。

2. 地铁牵引变电所运行方式

牵引站 10kV 进线简化图如图 4-9 所示。

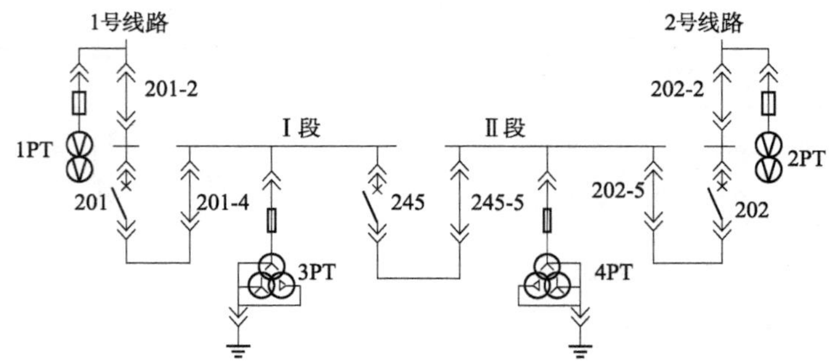

图 4-9　牵引站 10kV 进线简化图

1)地铁牵引变电所正常运行方式

变电所两路进线分别带10kV两段母线全负荷运行(即201、202合闸,245分闸)。

2)进线失压备自投成功后的非正常运行方式

(1) 运行方式一

因某种原因Ⅰ段母线(即4号母线)失电,经一定延时201跳闸→备自投启动→245自动合闸→4号、5号母线并列运行由2号进线供电。

(2) 运行方式二

因某种原因Ⅱ母线(即5号母线)失电,经一定延时202跳闸→备自投启动→245自动合闸→4号、5号母线并列运行由1号进线供电。

3. 备用电源自投工作逻辑

备用电源自投工作逻辑是指,当工作电源因故障断开备用电源自投时,各开关的倒闸顺序。正常运行时,4号、5号母线都是分列运行,若某一侧电源线路停电,对应的线路和母线就会失压,这种失压信号是通过电压互感器一次反映到二次继电保护装置上的,而电压互感器一次、二次回路断线,反映到继电保护装置上的现象也是失压,为区分线路真正失压和电压互感器断线,一般电压回路的采样都要经两个电压互感器,继电保护装置要同时接到两个电压互感器失压信息才判断为进线失压。图4-9所示的两段母线采用了1PT、2PT、3PT、4PT四个电压互感器(国标用“TV”表示)。

(1)1PT、2PT——分别为1号、2号进线电压互感器,采集1号、2号线路电压信息。

(2)3PT、4PT——分别为4号、5号母线电压互感器,采集4号、5号段母线电压信息。

(3)只有线路PT和母线PT同时失压才能判定为电源失压。

(4)若无线路PT(线路电压互感器),则可从动力变压器二次侧400V提取采样电压代替线路PT。

1)备自投动作必须具备的条件

(1)备自投允许投入条件(简称备自投允许),只有满足了允许条件后,备自投装置才能进入充电准备状态,充电准备需要一定延时才能完成,所以备自投两次动作的时间间隔不能少于10~15s。由这个时间来保证备自投只动作一次。因为第二次自投来不及充电。

(2)备自投闭锁条件,只要此条件中有一条成立,备自投就会被闭锁。

(3)备自投启动条件。在满足备自投启动条件下,而闭锁备自投条件无一条成立,备用电源自投才能启动。

只有满足上面三条,备自投才能出口动作。

2)备自投动作举例

运行方式一:

(1)允许备自投条件。

①4号、5号母线均有三相电压;

②201、202在合闸位,245在分闸位。

(2)闭锁备自投条件。

若有下列情况之一,必须闭锁备自投:

①手动分闸进线断路器;

②遥控分闸进线断路器;

③进线断路器故障跳闸。

(3)备自投启动条件。

① 1 号线路失压、4 号母线失压,它们的电压小于 30% UN(由 1PT、3PT 测得);

② 2 号进线 2PT 三相电压均高于 70% UN、5 号母线三相电压均高于 70% UN(由 4PT 测得);

③ 201、202 在合闸位,245 在分闸位。

经一定延时确认后,进线断路器 201 跳闸,启动联络断路器 245 合闸,4 号、5 号母线并联,由 2 号线路电源恢复供电,并保证不会向故障点反送电。

运行方式二:

(1)允许备自投条件:与运行方式一相同。

(2)闭锁备自投条件:与运行方式一相同。

(3)备自投启动条件。

① 2 号线路失压、5 号母线失压,它们的电压小于 30% UN(由 2PT、4PT 测得);

② 1 号线路三相电压均高于 70% UN、4 号母线三相电压均高于 70% UN(由 1PT、3PT 测得);

③ 201、202 在合闸位,245 在分闸位。

经一定延时确认后,进线断路器 202 跳闸,由该开关的常闭接点启动 245 开关合闸,4 号、5 号母线并联,由 2 号线路电源恢复供电,并保证不会向故障点反送电。

若备自投不成功,相应的开关应不按时限,加速跳闸。

注:PT 断线检测方法如下。

方法 1:当母线任一相电压小于 30V,或负序电压大于 8V(一相断线后电路不对称,产生负序分量),同时线路电流互感器有电流,持续 10s,则判断为 PT 断线。

方法 2:断线一相的相电压小于 30V,与断线相有关系的线电压下降,两正常相之间的线电压不变。

4. 备用电源自投逻辑框图(图 4-10)

5. 备自投举例

1)电源站与牵引站备自投的时限配合

电源站 245 动作时限 < 牵引站 245 动作时限 < 牵引站 445 动作时限。

2)电源站、牵引站的备自投关系分类(参看图 4-11)

电源站、牵引站的备自投关系分以下三种情况:

(1)情况 1:电源站 1 号进线失压 201 跳闸→4 号母线失压→电源站 245 自投→牵引站供电方式不变。

(2)情况 2:电源站 1 号进线失压 201 跳闸→4 号母线失压→电源站 245 自投不成功→牵引站 201 失压跳闸→牵引站 245 自投。

(3)情况 3:电源站 1 号进线失压 201 跳闸→4 号母线失压→电源站 245 自投不成功→牵引站 201 失压跳闸→牵引站 245 自投不成功→401 分闸→445 自投。

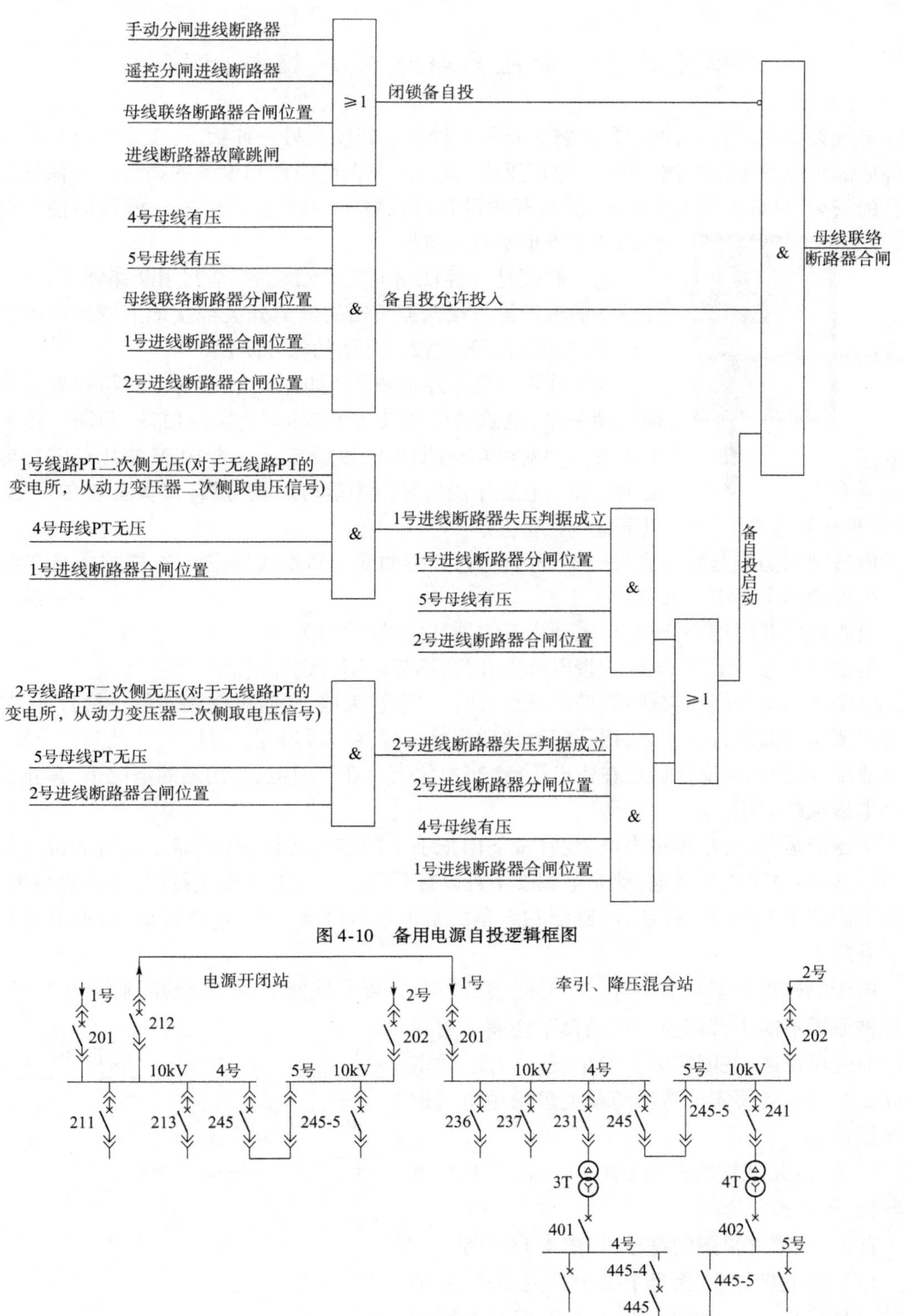

图4-10　备用电源自投逻辑框图

图4-11　电源站与牵引站主接线简化图

单元4.2 中压系统电气联锁与闭锁

电气设备在运行中，经常需要将设备从一种状态转换到另一种状态，在操作过程中由于某种原因难免发生误操作，一旦发生误操作，就会造成人员伤亡和设备的损伤。为保证工作人员的安全，保证电气设备安全运行，开关设备都设置了联锁与闭锁关系，保证即使在误操作的情况下也不发生事故。

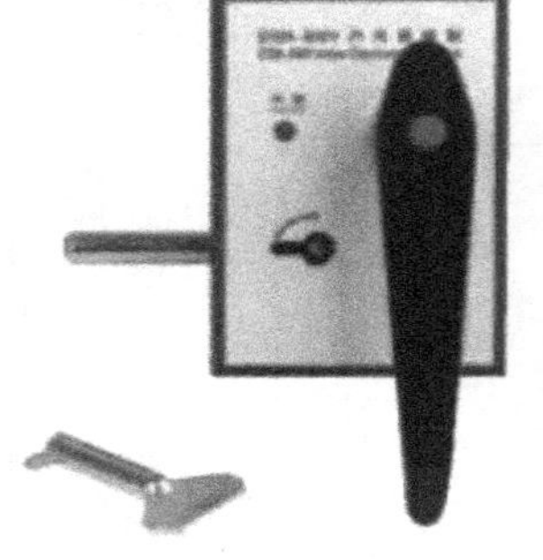
图4-12 电磁锁

电气联锁是一种现场电气联锁技术，是利用断路器、隔离开关等设备的辅助接点接入需闭锁的隔离开关或接地刀闸等电动操作回路上，从而实现开关设备之间的相互闭锁。

电气联锁中常采用电磁锁（如图4-12所示）的闭锁方式来实现联锁关系，电磁锁闭锁装置原理简单，实现便捷，非同一体的开关设备之间就可实现闭锁，电磁锁与对应的10kV中压开关有电气闭锁功能。它在干燥的环境中运行比较可靠，大多安装在35kV及以下室内设备上。

电磁锁的功能是防止有人带电开门，进入运行的变压器柜或整流柜内，造成人员伤亡。

电磁锁的主要组成如下：

电磁锁的开门把手：逆时针转动为开门，顺时针转动为关门。

电磁锁带电指示灯：电磁锁带电可以开门，不带电不可以开门。

电磁锁强制开门钥匙孔：当变压器运行时，电磁锁失电，此时电磁锁不能正常打开，如有需要把变压器强制打开的话，把开门钥匙插到此孔内，可以强制把门打开。（此开门方法，不建议使用，因为此时变压器正在带电运行，非常危险！）在不通电、无钥匙的情况下，禁止强行扭动电磁锁的把手。

变压器运行时，电磁锁失电，此时按下门把手上的红色按钮，电磁锁左上角的带电指示灯不亮，表示电磁锁没有电，此时电磁锁不可以打开门。变压器退出运行时，电磁锁得电，此时按下门把手上的花色按钮，电磁锁左上角的带电指示灯亮，表示电磁锁有电，此时电磁锁可以开门。

由于电磁锁在室外使用时，受外界气候影响大，可靠性能差，经常会碰到由于辅助接点的种种原因不能正常切换和电磁锁不能满足密封要求而受潮锈蚀，使闭锁失灵等情况。因此，对室外高压开关设备要实现防误闭锁大多采用电气逻辑闭锁。

下面，以某地铁为例，说明中压10kV系统电气联锁、闭锁控制方案。

首先，介绍逻辑图的符号，如图4-13所示。

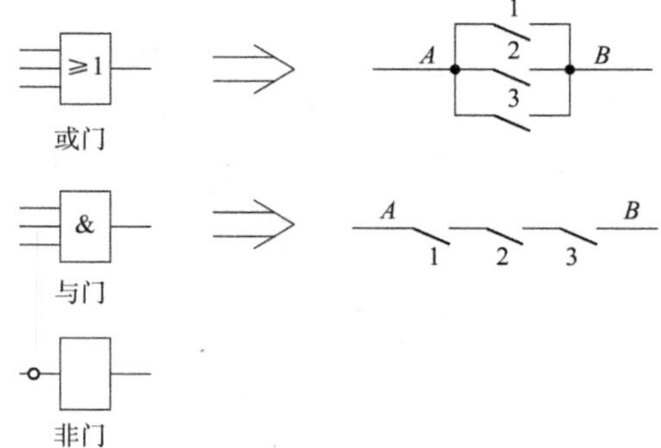

图4-13 或门、与门、非门逻辑符号图

（1）或门："或门"相当于三个开关并联，三个开关中只要有一个开关闭合，A、B就接通电路就有输出。即：或门左侧是输入条件（可以是任意多个)，右侧是输出结果，只要有一个条件满足，电路就有输出，发出一个命令。

(2)与门："与门"相当于三个开关串联，三个开关必须同时闭合，A、B 才能接通，电路才有输出。即："与门"左侧是输入的条件，右侧是输出结果，必须同时满足三个条件，电路才有输出，发出命令。

(3)非门：非门也相当于否门，可以放置在输入端，也可放置在输出端，圆圈左侧进去一个正信号，右侧出来就是负信号，圆圈左侧进去一个负信号，右侧出来就是正信号，它总是持否定态度。

此外，在下文介绍的逻辑图中还会出现一种逻辑符号，即—□—。此符号表示如果左侧的输入条件成立，即可得到右侧的输出结果。

一、进线断路器与母线分段(联络)断路器之间的联锁控制

1. 联锁设置说明

(1)除电源站之外的进线断路器与母线分段断路器之间，设有"三选二"联锁控制，在任何情况下，两个进线断路器与母线分段断路器之间，只允许有两个断路器在合闸位置，另一个断路器则必须在分闸位置。

(2)开闭所(电源站)的进线断路器与母线分段断路器之间。

①在正常情况下，也设有"三选二"联锁控制。

②在特殊情况下(如检修进线开关设备等)，还设有合环选跳联锁控制方式。

2. 进线断路器与母线分段断路器"三选二"的逻辑关系

1)逻辑图(图4-14)

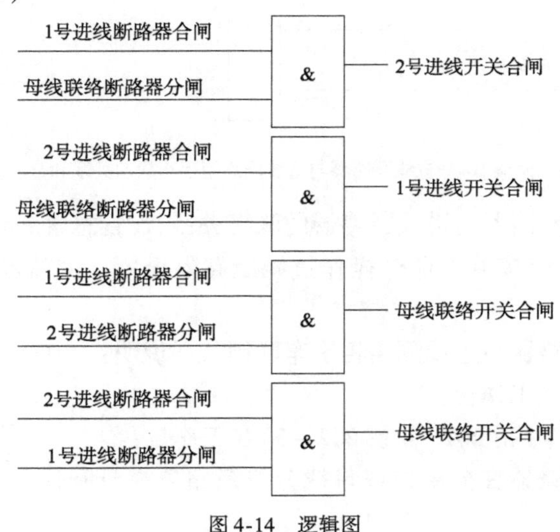

图4-14　逻辑图

2)逻辑图说明

进线断路器与母线断路器存在"三选二"的关系，即两路进线断路器和母联断路器只能有两个在合位。

二、10kV 开关柜联锁与闭锁逻辑图

10kV 进线及牵引变压器、动力变压器的高、低压侧开关柜，设置了一系列联锁、闭锁关

系。这些关系如下：

1. 交流10kV进线断路器与进线隔离柜手车联锁关系和分合闸条件(图4-15)

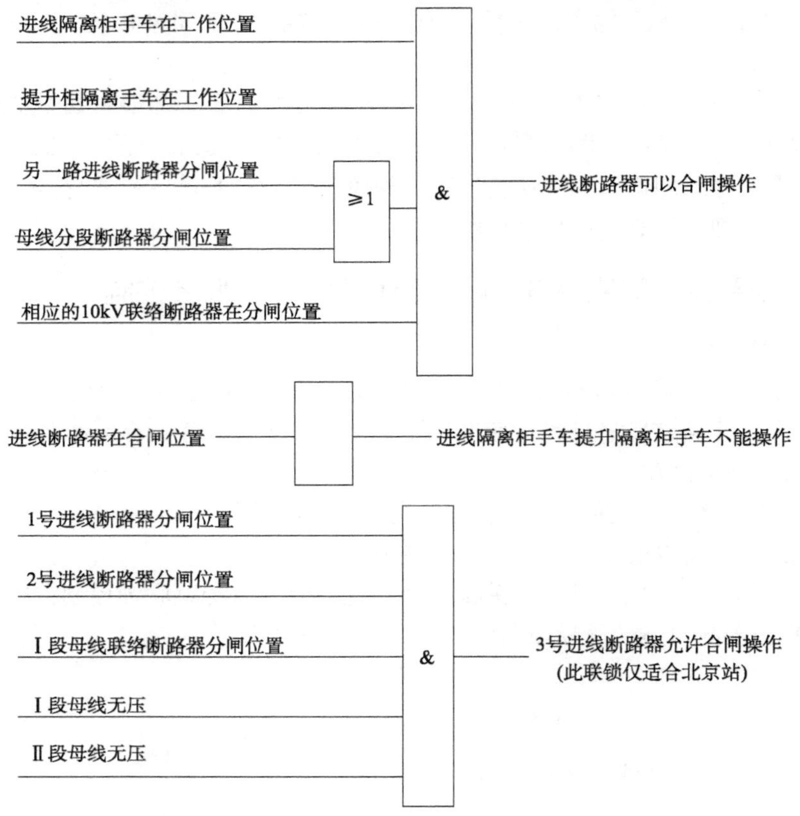

图4-15　交流10kV进线断路器与进线隔离柜手车联锁关系和分合闸条件

相应的10kV联络断路器与进线断路器的联络关系,设置总解除硬压板。在该联锁关系被压板投入、解除之后,应按调度命令操作进线断路器合闸。交流断路器不设置来电自复功能。

交流10kV进线断路器与进线隔离柜手车联锁关系说明:

(1)进线隔离手车在工作位;

(2)提升柜隔离手车(指201－4或202－5)在工作位;

(3)另一路进线断路器在分闸位或母线分段断路器在分闸位,它们中至少有一个在分闸位;

(4)相应的10kV联络断路器在分闸位。

同时满足以上四个条件,进线断路器才可以合闸。

2. 母线联络断路器与母线隔离手车联锁关系和分合闸条件(图4-16)

3. 进线断路器与联络断路器之间联锁关系和分合闸条件(图4-17)

此情况只用于本站两路电源都失压,必须从相邻站引入电源的情况。在需要联络开关给相邻变电所送电时,可以用连接片强制选择进线断路器与联络断路器同时合闸。各站联络断路器分、合闸条件由各条线具体运行方式决定。图4-18为仅适合北京站Ⅰ段母线联络断路器的分合闸条件。

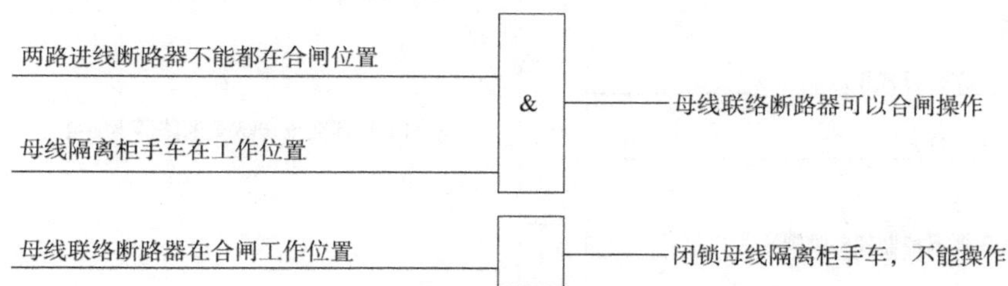

图4-16　母线联络断路器与母线隔离手车联锁关系和分合闸条件

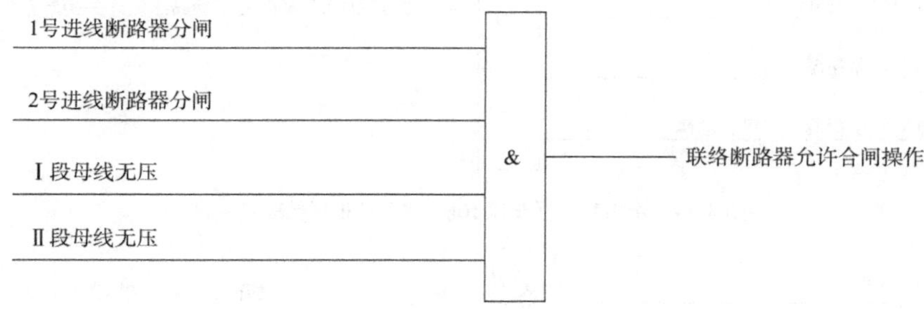

图4-17　进线断路器和联络断路器之间联锁关系和分合闸条件

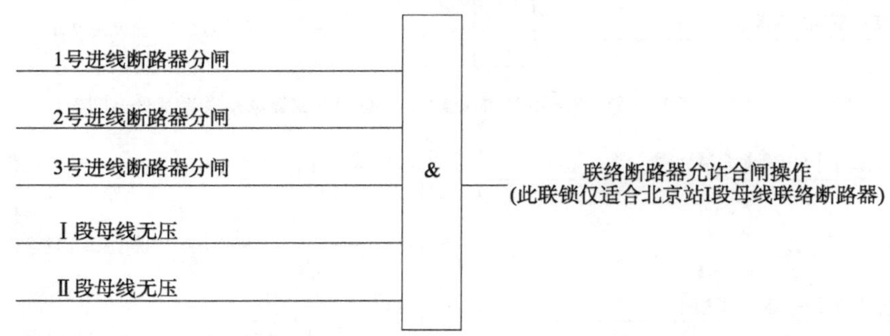

图4-18　北京站Ⅰ段母线联络断路器分合闸条件

4. 牵引变压器交流10kV侧开关柜联锁联跳关系(图4-19)

5. 牵引变压器10kV侧断路器和直流750V总闸断路器联跳关系及分合闸条件(图4-20)

6. 动力变压器10kV侧开关柜联锁联跳关系(图4-21)

以上逻辑也可用于无人值班降压站,动力变压器10kV侧环网柜负荷开关。无人值班降压站,动力变压器10kV侧开关柜称为环网柜,里面只配有负荷开关或熔断器,没有断路器,所以没配保护装置。一旦负荷开关跳闸或熔断器熔断,动力变压器二次侧401和402开关失压自动跳闸。

7. 交流10kV进线断路器失压条件(图4-22)

8. 备自投母线联络断路器合闸启动条件(图4-23)

9. 备自投闭锁、允许和启动条件(图4-24)

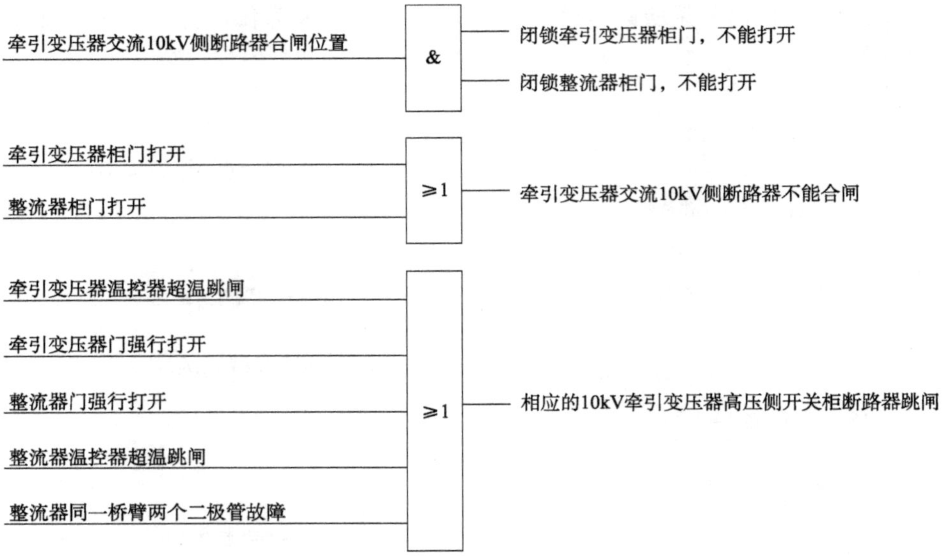

牵引变压器交流10kV侧断路器合闸位置 → & → 闭锁牵引变压器柜门，不能打开；闭锁整流器柜门，不能打开

牵引变压器柜门打开
整流器柜门打开
→ ≥1 → 牵引变压器交流10kV侧断路器不能合闸

牵引变压器温控器超温跳闸
牵引变压器门强行打开
整流器门强行打开
整流器温控器超温跳闸
整流器同一桥臂两个二极管故障
→ ≥1 → 相应的10kV牵引变压器高压侧开关柜断路器跳闸

图 4-19　牵引变压器交流 10kV 侧开关柜联锁联跳关系

框架保护动作 → & → 跳开两个牵引变压器高压侧断路器

牵引变压器高压侧断路器跳闸 → & → 联跳对应的直流总闸断路器

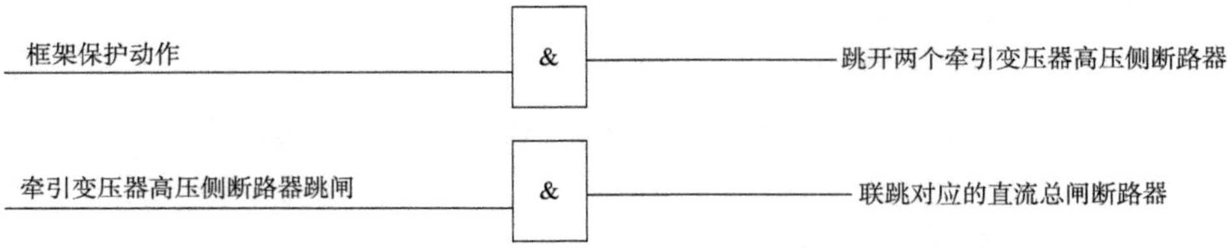

图 4-20　牵引变压器 10kV 侧断路器和直流 750V 总闸断路器联跳关系及分合闸条件

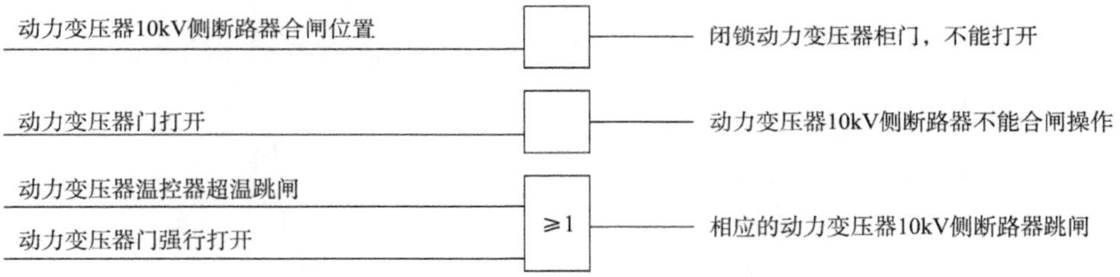

动力变压器10kV侧断路器合闸位置 → 闭锁动力变压器柜门，不能打开

动力变压器门打开 → 动力变压器10kV侧断路器不能合闸操作

动力变压器温控器超温跳闸
动力变压器门强行打开
→ ≥1 → 相应的动力变压器10kV侧断路器跳闸

图 4-21　动力变压器 10kV 侧开关柜联锁联跳关系

1号线路PT二次侧无压(对于无线路PT变电所，从配电变压器二次侧取电压信号)
1段母线PT无压
1号进线断路器在合闸位置
→ & → 1号进线断路器失压跳闸判据成立(1号进线断路器失压自动跳闸)

2号线路PT二次侧无压(对于无线路PT变电所，从配电变压器二次侧取电压信号)
2段母线PT无压
2号进线断路器在合闸位置
→ & → 2号进线断路器失压跳闸判据成立(2号进线断路器失压自动跳闸)

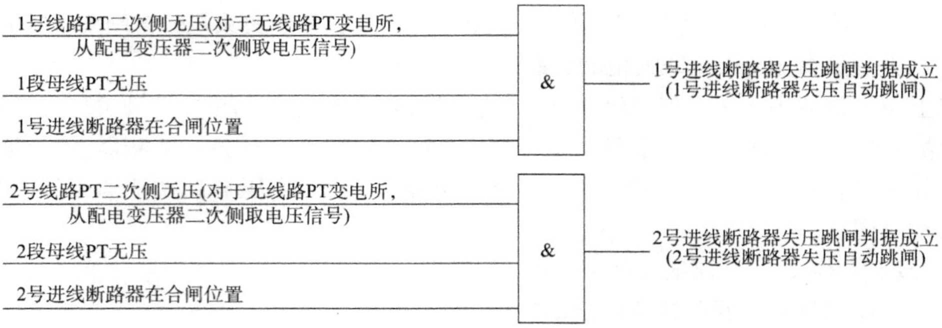

图 4-22　交流 10kV 进线断路器失压条件

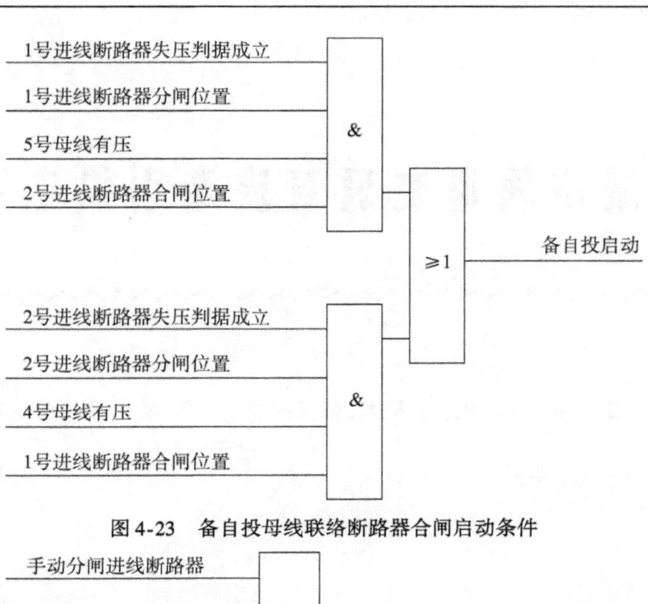

图4-23　备自投母线联络断路器合闸启动条件

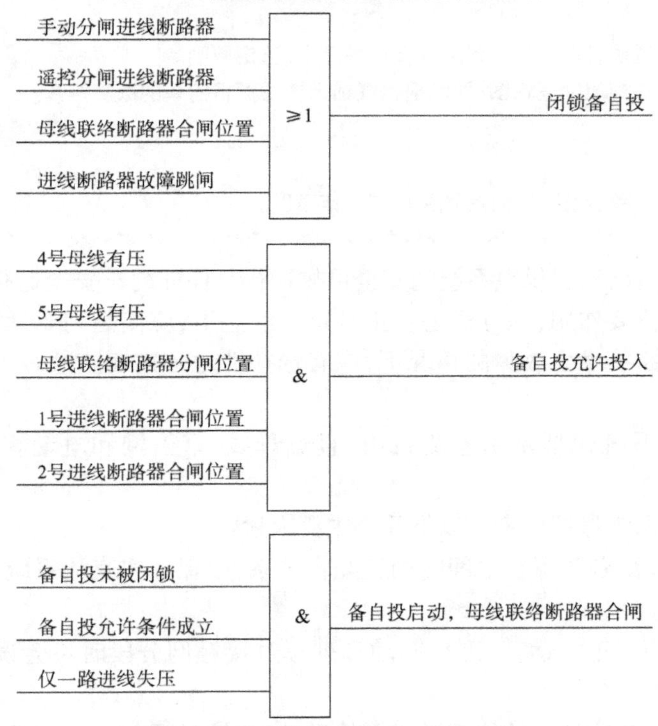

图4-24　备自投闭锁、允许和启动条件

复习与思考

1. 合环选跳开关有几个位置？它的作用是什么？
2. 根据逻辑图,叙述电源备自投闭锁、允许和启动条件。
3. 说明电源牵引降压混合站保护配置情况。
4. 说明牵引降压站保护配置情况。

单元5 城市轨道交通直流牵引供电系统保护

【知识目标】

1. 掌握直流牵引供电系统的保护配置、各保护的工作原理、保护范围及其相互之间的配合。
2. 掌握各设备开关刀闸之间的联锁闭锁关系。

【能力目标】

1. 能准确说明各保护的工作原理及保护范围、整定原则。
2. 能看懂联锁闭锁逻辑图,并能根据联锁闭锁图进行简单的故障排查。

【素质目标】

培养认真细致、理实并重、脚踏实地的工作态度。

城市轨道交通直流牵引供电系统的安全可靠运行是保证列车安全运行的前提。直流牵引供电系统保护的重要作用,一方面是在正常运行状态下,应满足列车运行的要求,另一方面在直流牵引供电系统发生故障的情况下,应有选择性地迅速切除故障,以保证列车、设备和旅客人身安全。

直流牵引供电系统包括牵引整流机组、直流母线、牵引网和电动客车等电力设备和线路。

直流牵引供电系统保护应考虑以下几个主要因素:

(1)应充分考虑到各种保护之间的相互配合关系,以保证在直流系统发生短路故障时,能可靠地切除故障。

(2)应保证在列车正常运行、列车起动和列车过接触网分段时不会误跳闸而影响列车运行。

(3)应充分考虑某些特殊的故障形式下的保护,如接触网与架空接地线、接触网与隧道内电缆支架、接触网与屏蔽门的短路等故障。

直流牵引供电系统的短路保护不同于交流系统,交流电流存在过零点,电弧容易被熄灭,但直流牵引供电系统短路时产生的直流电弧,如不迅速切断电源,就会长时间维持燃烧而不熄灭,其在轨道交通中的危害性十分严重。故对牵引变电所直流侧的继电保护而言,速动性为第一优先考虑要素,目的就是在直流短路电流上升过程中就将其遮断,而不允许短路电流到达一个很大的稳态值。针对直流电弧的物理特性,城市轨道交通直流牵引供电系统一般设有的牵引整流机组保护、大电流脱扣保护、电流上升率及电流增量保护、过流保护、双边联跳保护、接触网热过负荷保护、逆流保护、框架保护及钢轨电位限制装置、自动重合闸及线路检测等。

对于不同的牵引供电系统,保护的配置可能不相同,但是保护的目的是相同的。只要能够满足保护要求,保证系统安全可靠地供电,系统应尽量少配置一些保护,因为保护装置配置得太多,一方面增大了系统投资,另一方面也会增加保护配合的难度。

单元 5.1　牵引整流机组继电保护

整流变压器与整流器合称为牵引整流机组,作为交直流系统变换的重要环节,承担着将中压交流(10kV 或者 35kV)电能变换为直流(750V 或者 1500V)电能供电力机车使用的任务,是城市轨道交通牵引变电所中的核心设备。

牵引整流机组的主要故障和不正常运行状态包括:一次侧短路、二次侧短路、变压器过负荷、直流母线短路、牵引变压器过温、整流器过温、整流器硅元件故障。

下面分别详述整流变压器和整流器的保护原理。

一、整流变压器保护原理

整流变压器采用双绕组双分裂结构,即,由两个独立的高压网侧线圈及两个独立的低压阀侧线圈组成。阀侧电压低,电流却很大,所以不能像普通电力变压器那样设置变压器纵联差动保护。在保护设定方面,需要面对更加严重的情况。例如,整流柜内部发生短路,在弧光的作用下,极易造成整个直流系统的正、负母排之间的短路。此时,所有整流机组均向故障点供电,巨大的短路电流可能造成母线、直流开关等设备严重损坏,多个快速熔断器、整流元件烧毁。强大的短路电能在故障点引起爆炸、起火,烧毁整流装置或整流变,甚至造成人员伤亡。

1. 电流速断保护

电流速断保护作用于中压交流断路器(如图 4-5 中的 236、237)跳闸,要求:躲开整流变压器的励磁涌流,并应大于变压器的额定电流,不考虑继电器的返回系数。同时,与直流系统框架泄漏保护装置配合,在直流侧发生接地或弧光短路时,作用于断路器跳闸。保护整定值计算如式(5-1)所示。

$$I_{op}=K_{rel}K_{c}I_{NT}n_{i} \tag{5-1}$$

式中:K_{rel}——可靠系数,1.5 ~3.0,实际值可取 2.5;

K_{c}——接线系数,当继电器接于相电流时,$K_{c}=1$;

I_{NT}——变压器一次侧额定电流,A;

n_{i}——电流互感器变比;

I_{op}——继电器动作电流,A。

2. 定时限过流保护

由于送电时整流机组是在低挡位合闸,保护定值应躲过合闸冲击电流,或设置带时限过电流保护。保护分别延时或瞬时动作于机组断路器,动作电流的计算与电流速断保护计算相同,只是 K_{rel} 取 1.1 ~1.5,延时整定值取 0.3 ~0.5s,并考虑继电器返回系数(按 0.85 计算)，同时取消合闸后延时装置。

3. 过负荷保护

过负荷保护的作用是防止机组在运行过程中出现过负荷而烧毁整流变压器。由于电力机车牵引负荷变化较大，容易出现过负荷运行的实际情况，设置过负荷保护可作为整个保护的后备保护。

在一定范围内和短时间里的过负荷，断路器不会跳闸，过负荷保护只是作为一种不正常运行来监视，所以一般过负荷保护延时较长，只发预告信号，它的动作电流应按躲过变压器额定电流进行整定。变压器过负荷运行有时间限制，150% 时允许过负荷 2h，300% 过负荷时允许运行 1min。

在设置的保护中，电流速断保护作用于跳闸回路，是整流变的主保护；而定时限过电流保护作为整流变的后备保护，在主保护不能准确切除整流变压器阀侧故障时，其作用于跳闸回路，断开故障点，达到预防事故、防止事故扩大的目的。

4. 干式变压器温度保护

由于干式变压器无油污染问题，环氧树脂及选用的其他绝缘材料都具有难燃、自熄弧、耐潮、抗裂和免维护等特点，可以安装在室内，深入负载中心，所以干式整流变压器被广泛应用于城轨供电系统中。

干式变压器的安全运行和使用寿命很大程度上取决于变压器绕组绝缘的安全。当变压器绕组的绝缘性能降低后，将对其导热性能产生很大影响。在绝缘遭到损坏的位置，其温度将会急剧上升，当上升到一定极限值时，轻者造成变压器绝缘性能降低、使用寿命下降；重者可能造成绝缘击穿，变压器烧毁爆炸，甚至有可能危害运行维护人员的人身安全及整个电网的稳定，其损失不可估量。因此，干式变压器的温度等运行数据进行实时监测及采取保护措施是十分重要的。

图 5-1　干式变压器温度控制器

随着干式变压器技术的不断进步，其温度保护系统也得到了相应的发展。目前市场上存在多种干式变压器温度保护系统，比较常见的有单片机、PLC 控制的热电阻式智能温度保护系统，比较先进的有采用非接触式红外测温、分布式光纤测温等温度保护系统。

城市轨道交通整流变压器温度保护是采用温度传感器测量绕组或绝缘的温度，同时外接一个温度控制器(如图 5-1 所示)，用于输出报警和跳闸信号。由于干式变压器是分相布置的，因此应在每相配置一个温度传感器，该传感器嵌装在低压绕组的上部。

如图 5-2 所示，为干式变压器 TTC－300 温度显示控制系统原理示意图。温控系统通过温控箱和安装在低压绕组中的 PTC 测温元件实现对变压器的温度检测和控制。对于自冷变压器配置二温控制箱，若由于故障或超载运行而使变压器绕组温度超过安全值，温控箱会发出报警信号直至发出超温跳闸信号。对于强迫风冷变压器配置四温控制箱，冷却风机的开停取决于绕组的温度，温度高于某一数值时，风机启动，对变压器进行强迫风冷；若温度进一步升高，温控箱将会发出相应的超温报警信号或超温跳闸信号。温显系统直观地显示变压器运行过程中绕组或铁芯的温度,可与温控系统配合使用。TTC－300 温度显示控制系统采用 PTC 非线性电阻和 Pt100 线性铂电阻双重保护测温,用 LED 进行温度显示,单片机控制,可显示绕组和铁芯温度,可校调控制温度、自动/手动启停风机,自动发出报警、跳闸信号,此信号同时送向变电所综合自动化系统。

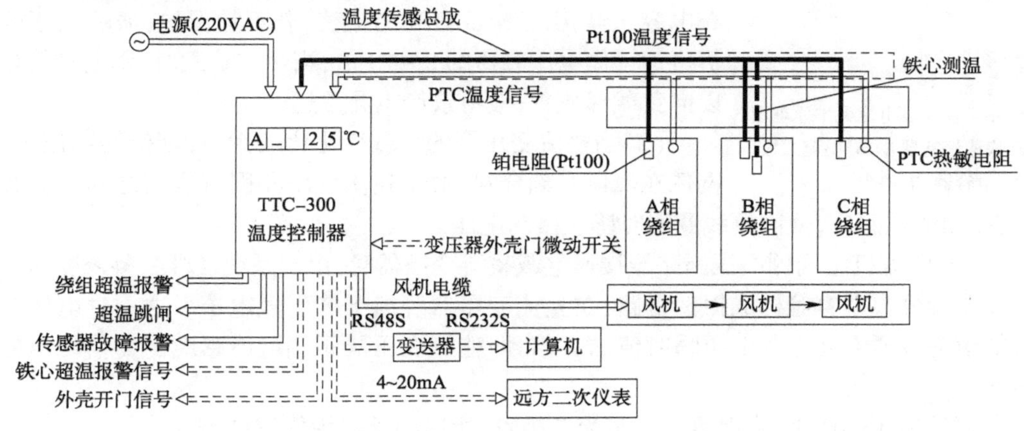

图 5-2　干式变压器 TTC－300 温度显示控制系统原理示意图

城市轨道交通整流变压器温度保护定值分跳闸与报警两种。跳闸定值的整定原则为比变压器绝缘系统的温度等级低 5℃以保证绝缘不损坏;报警定值的整定原则为比接地变压器绕组热点温度额定值低 15℃,这是因为干式变压器绕组的最高温升与平均温升的差值目前尚缺乏资料(油浸式产品的差值为 13℃),考虑到匝间故障点与温度测量点不会一致,把裕度放大一些,将干式产品差值确定为 15℃。《电力变压器　第 12 部分:干式电力变压器负载导则》(GB/T 1094.12—2013)中常用的 3 种绝缘等级的干式接地变压器有关数据见表 5-1。

干式接地变压器温度参数表(℃)　　表 5-1

绝缘系统温度绝缘等级	绕组热点温度额定值	温度保护报警定值	温度保护跳闸定值
130B	120	105	125
155F	145	130	150
180H	175	160	175

二、整流器保护原理

1. 换相过电压保护

在整流元件换相瞬间,由于载流子积累效应产生过电压,其最大值可以达到正常反向电压的 5 ~ 7 倍。为防止硅整流二极管在承受换相电压时产生过电压而遭到损坏,必须在阳极与阴极之间并接电容保护。电容两端电压不会突变,因此能吸收浪涌电压,为了防止电容与硅整流二极管组成的回路引起振荡而产生瞬间剧增电流,需串入换相电阻。在大功率的整流器中,换相保护的电容一般采用油浸式或金属膜电容。虽然电解电容也有保护作用,但因其电解液有可能干枯而导致开路或短路,为保证供电的可靠性,一般不选用电解电容。由电阻、电容组成的换相过电压保护电路如图 5-3 所示,图中只画出一条整流臂的换相过电压保护电路,其余整流臂相同。

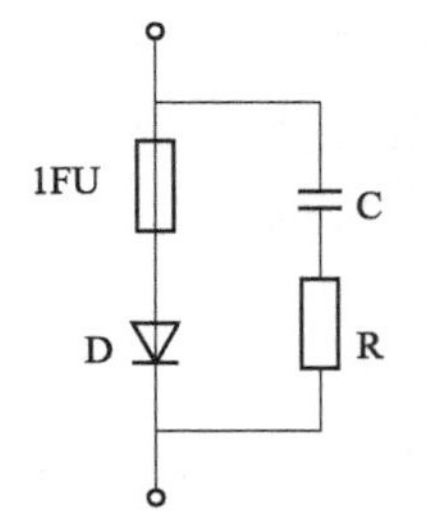

图 5-3 换相过电压保护原理图
1FU-快速熔断器;D-硅整流二极管;C-电容器;R-电阻

2. 交流侧操作过电压保护

以下三种情况在整流变压器的阀侧均会产生操作过电压。

(1)当整流机组空载时,将整流变压器一次侧断路器切断,由于激磁磁通在铁芯内储存的能量不能突变,只能向绕组的分布电容充电,引起幅值极高的振荡,若不加保护,振荡电压的峰值可达工作电压峰值的 8~10 倍,当带有负载时,则电磁能量可以向负载释放,一般不致产生异常过电压。

(2)当整流变压器的负载变化比较大,且网侧为高压时,则网侧在峰值时刻合闸,由于整流变压器网侧线圈之间有分布电容存在,因静电感应,使阀侧线圈瞬时感应出高电压。

(3)当整流机组网侧高压断路器接通空载整流变压器时,由于系统、线路、整流变压器漏感与变压器分布电容等构成振荡电路,在整流变压器绕组上产生过电压。这一过电压的最大可能值为接通瞬间电源电压瞬时值的 2 倍,即整流变压器阀侧可能感应出 2 倍峰值的过电压。

上述过电压的产生,会严重危及整流二极管,所以必须采用保护措施。

一般情况下,操作过电压采用压敏电阻保护。压敏电阻是一种氧化锌非线性电阻。在正常交流工作电压下,晶体界面呈高电阻状态,有数百微安电流流过电阻体,在过电压情况下(如承受浪涌电压时),晶体的界面上电压梯度很高,电阻率急剧增大(类似稳压二极管的齐纳击穿),并能转化为电阻体的发热,即浪涌能量被压敏电阻吸收,这就是压敏电阻抑制过电压的原理。由于压敏电阻具有大的非线性系数、冲击通流容量大、无间隙、时间响应好、体积小和常态功耗低等优点,被广泛应用于从低电压电子设备到超高压电气设备的过电压保护中。为吸收静电过电压,同时也接入电容器进行保护。操作过电压保护原理图如图 5-4 所示。

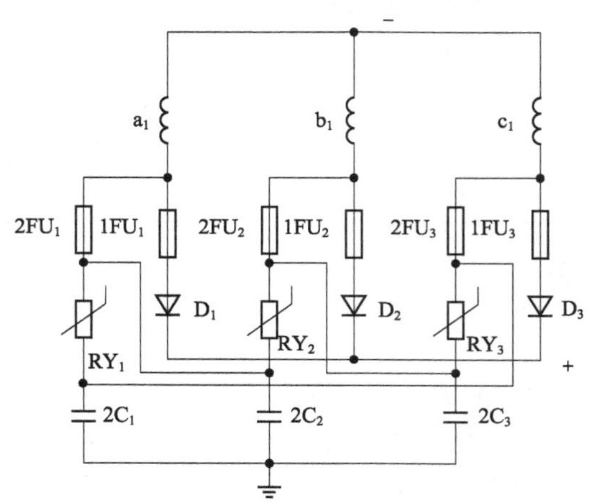

图 5-4 操作过电压保护原理图

$2FU_1$ ~ $2FU_3$-熔断器;$1FU_1$ ~ $1FU_3$-快速熔断器;RY_1 ~ RY_3-压敏电阻;D_1 ~ D_3-整流二极管;$2C_1$ ~ $2C_3$-电容器

3. 直流侧过电压保护

城市轨道交通的运行工作情况决定了直流侧过电压的复杂性,直流侧接于接触网,位于地面的部分不可避免地要承受雷击过电压。在直流侧安装快速断路器,当断开直流侧故障电流时,产生操作过电压;另外,还有来自负载即城市轨道交通车辆上的过电压。若这些过电压处理不当,不但会影响整流设备的运行,还会影响线路中其他高压电气设备及城市轨道交通车辆的运行。因此,在直流侧加装 RC 过电压抑制回路和放电回路,防止直流快速断路器开合时产生的操作过电压损坏二极管,并在整流器输出端并联一个压敏电阻,抑制残余过电压。

4. 过流保护

快速熔断器用来切断内部短路电流或内、外部短路电流,使硅整流二极管得到保护。快速熔断器具有特殊的性能,且体积小、功耗小,并具有较大的断路容量,在切断短路电流过程中,具有快速限流的作用,并且不会发生具有危险性的过电压。由于快速熔断器的熔断速度很快,同时具有限流作用,短路电流尚未上升到最大值前,就可被它切断。快速熔断器的动作特性图如图 5-5 所示。

快速熔断器的接入非常简单,将快速熔断器直接串入每只整流二极管即可。整流机组在运行中,若整流元件反向击穿,巨大的故障电流流过快速熔断器,使其迅速熔断,作为报警用的副熔丝也随即熔断,其熔断指示杆弹出,推动微动开关常开触点闭合,接通报警回路,提醒值班人员检查处理。快速熔断器保护配置如图 5-6 所示。图中只画出单只快速熔断器与整流二极管的保护接线,在实际的大功率硅整流机组中,每条整流臂往往是由多只整流二极管并联组成的,但每只整流二极管的保护接线相同。

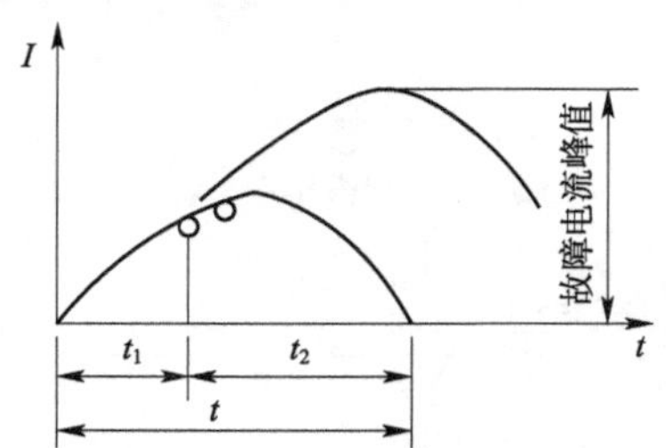

图 5-5 快速熔断器动作特性图

t_1-熔化时间;t_2-燃烧时间;t-快速熔断器熔断时间

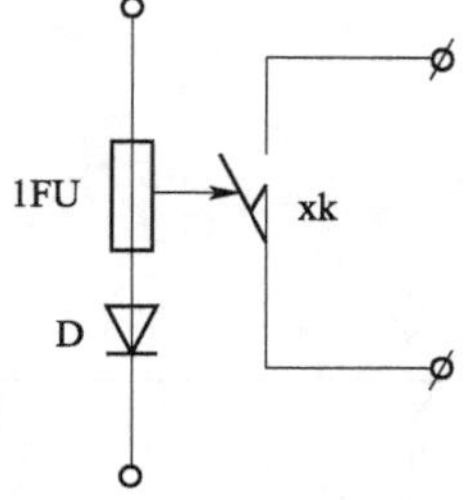

图 5-6 快速熔断器保护配置图

1FU-快速熔断器;D-硅整流二极管;xk-微动开关

对于大功率整流机组而言,由于在整流臂各并联支路内串接快速熔断器作为故障支路的隔离器件,当整流管过电流或过电压击穿瞬间,快速熔断器即熔断,把故障电流切除,保护了其他支路整流元件的正常工作。快速熔断器主要起短路保护作用,也可以进行过载保护。由于快速熔断器结构简单,保护范围广,并且具有极为优越的快速熔断性等特点。对于大电流硅整流机组采用以快速熔断器作为整流元件故障支路的隔离器件,以交流侧断路器作为唯一的保护器件。

当一个桥臂内只有一个快速熔断器的熔丝熔断或不同桥臂内各只有一个快速熔断器熔丝熔断时,发出报警信号;当一个臂内有超出一个熔丝熔断时,发出跳闸信号,使整流变压器高压侧(交流侧)断路器分闸,将整流变压器隔离开,当故障排除后,自动重合闸将继续运行。

快速熔断器是利用金属导体作为熔体串联于整流二极管支路中,当过载或短路电流通过熔体时,因其自身发热而熔断,从而隔离某一支路,对整流二极管起到保护作用。它具有反时延特性，当过载电流小时，熔断时间长；过载电流大时，熔断时间短。因此，在一定过载电流范围内至电流恢复正常，熔断器不会熔断，可以继续使用。快速熔断器有以下几个方面的作用：

（1）当整流桥内部的整流二极管发生故障时，快速熔断器可以有效地隔离故障元件，而不影响其他元件工作；

（2）当一个快速熔断器的熔丝熔断后，将断开此支路的故障电流，其余的快速熔断器不需要更换；

（3）当断路器断开由外部故障产生的故障电流时，快速熔断器不会发生损坏或不需要更换；

（4）快速熔断器带有微动开关触点，当熔丝熔断后，会触发微动开关的触点，产生相应的信号用于报警、跳闸。

5. 逆流保护

逆流保护是为整流柜内部，交、直流母排出现短路故障而设置的保护装置。如图 5-7 所示，两台整流变压器并列供电时，某一台整流柜内部交直流母排或输出直流母线出现短路故障时，往往会使直流母线向该故障点回馈很大的电流，即形成逆流，在直流电压较高的情况下，这个逆流会很大，使故障扩大，甚至发生整流柜爆炸事故，造成很大经济损失。逆流保护装置可检测出逆流并切除故障。

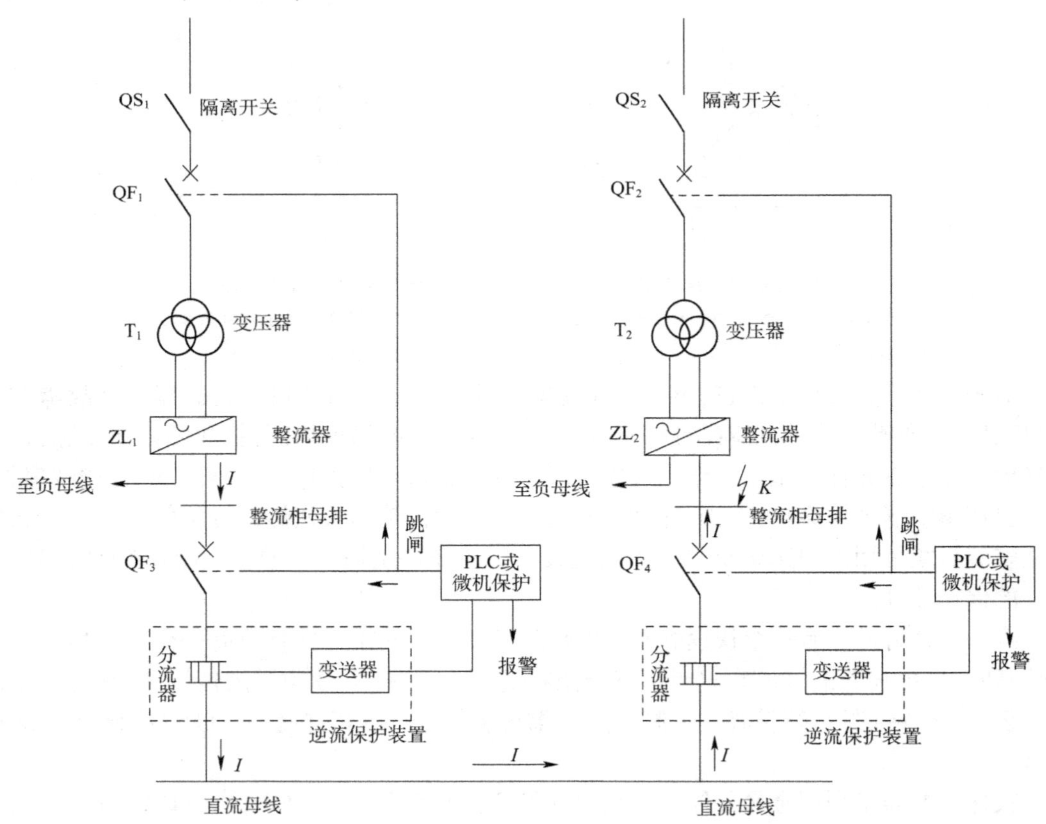

图 5-7　逆流保护装置系统图

1)逆流保护装置的组成

逆流保护装置由分流器、变送器、PLC可编程控制器或微机保护装置组成。

2)逆流保护工作原理

逆流保护装置通过检测分流器安装处的电流方向,来判断整流柜是否有短路发生。

正常工作时,电流从整流柜 ZL_1、ZL_2 母排流向直流母线。

当 ZL_2 母线 K 处发生短路时,如图5-7所示,ZL_1 的电流通过直流母线流向 ZL_2,同时短路电流也会从接触轨经馈线开关流向 ZL_2,分流器、变送器检测出的反向电流大于逆流整定值时,PLC输出信号至 QF_4 跳闸,并联跳机组断路器 QF_2,此时整流变压器 T_2 两侧断路器 QF_2、QF_4 均跳闸,从而切断故障电流。

当 ZL_1 母线某处发生短路可得出相似的结论,参见图5-8逆流保护方框图。

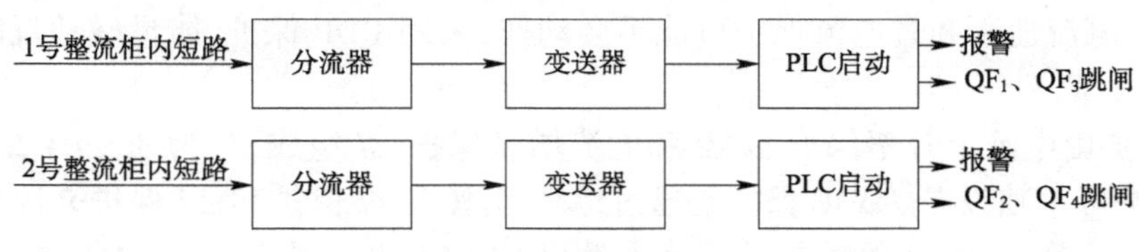

图5-8 逆流保护方框图

6. 温度保护

在整流器预测温度最高的元件散热器或铜母排上设置温度传感器元件,用于监视元件散热器或铜母排的温度,设置温度一段报警、二段跳闸,并可发出当地及远方信号。

单元5.2 直流母线和牵引网的保护

直流母线和牵引网的保护,主要是由直流断路器与保护装置配合构成。直流断路器按功能分进线断路器(总闸开关)和馈线断路器(分闸开关)。进线断路器主要控制和保护直流母线;馈线断路器主要保护牵引网。当变电所近端直流电缆、接触网发生故障时,能迅速切除故障。

一、开关本体大电流脱扣保护

大电流脱扣保护是一种开关自带的反映电流幅值增大而动作的保护。大电流脱扣保护的动作特性是,当电流大于电流整定值时,开关脱扣器脱扣,装置动作使开关分闸。

1. 大电流脱扣保护的保护范围

大电流脱扣保护的保护范围与电流保护中的瞬时速断保护类似,用于切断近端短路的大短路电流,所以它对接触网近端金属性短路故障较灵敏,远端短路由于短路电流小使大电流脱扣保护不能动作。

2. 大电流脱扣保护动作电流的整定

如被保护线路短路电流的最小值为 $I_{d.min}$,则动作电流整定为:

$$I_{op} > K \cdot I_{d.min} \tag{5-2}$$

式中:K——可靠系数,其值大于1。

3. 大电流脱扣保护动作时间

系统一旦检测到瞬时电流超过大电流脱扣的动作电流时，将立即跳闸。其固有动作时间仅几毫秒，所以大电流脱扣保护非常灵敏，尤其对于电流上升非常快的近端短路，往往先于电流上升率及电流增量保护动作。其缺点是对接触网中、远端发生故障时反应不灵敏，甚至拒动。

想一想 大电流脱扣保护和我们在第 3 单元学过的瞬时电流速断保护有何异同？

二、DDL 保护

直流牵引供电系统中，机车取流不是总保持在一个水平上，因受到机车起步、加速等操作环节的影响，电流变化频繁而复杂。当故障发生在中、远端时，由于线路阻抗变大，短路电流相对变小，电流速断和过电流保护可能不会动作，采用 DDL 保护，能灵敏地反映故障使断路器跳闸。

DDL 保护由电流上升率保护 di/dt 和电流增量保护 ΔI 组成，分为 $di/dt+\Delta I$ 与 $di/dt+\Delta t$ 两种，保护可单独投退。DDL 保护是通过综合考虑 di/dt 保护和 ΔI 保护来决定保护的动作特性，克服了单独 di/dt 保护易受干扰误动以及 ΔI 保护存在拒动现象的缺点，所以 DDL 保护是使用最广泛的直流馈线主保护。DDL 保护通过检测分析电流上升率 di/dt、电流增量 ΔI 和持续的时间 t 等参数实现对中远距离短路故障的准确判别。

1. DDL 保护原理

该保护需整定的参数为以下 6 个：保护装置起始门限 E（电流上升率启动值）、保护装置复位门限 F（电流上升率返回值）、最大电流增量 ΔI_{max}、最大电流增量延时 $t_{\Delta I_{max}}$、最小电流增量 ΔI_{min}、最小电流增量延时 T_{max}。

启动值 E 和返回值 F（$E>F$）是电流上升率 di/dt 保护的两个定值。在运行当中，保护装置不断地连续检测馈线电流 If 及其电流上升率 di/dt，并将 di/dt 与设定值 E 和 F 比较。

如果 $di/dt>E$，则保护启动，进入延时阶段，同时开始测量电流增量（ΔI）并计时（t）。如果测量值 $\Delta I>\Delta I_{max}$，则经过一段时间 $t_{\Delta I_{max}}$ 延时后，发出跳闸信号；或如果计时时间 $t>T_{max}$，且电流的增量 $\Delta I>\Delta I_{min}$，则发出跳闸信号。如果在延时阶段，电流上升率回落到保护整定值 F 之下，即 $di/dt<F$，则保护返回，重新开始监测。

下面以某典型变电所直流系统保护定值表加以说明，见表 5-2。

某典型变电所直流系统保护定值 表 5-2

设备安装地点		正线牵引变电所直流馈出断路器	
保护名称		保护试验整定	保护作用
I_{ds}开关本体速断		8400A	短路保护
电流上升率 $di/dt+\Delta I$ 增量	E	60A/ms	中远端保护
	F	25A/ms	中远端保护
	ΔI_{max}	3500A	中远距离保护
	$t_{\Delta I_{max}}$	2ms	中远距离保护
	T_{max}	80ms	远端保护
	ΔI_{min}	1800A	远端保护

第一种情况，如图 5-9 所示。当实测电流上升率 di/dt 大于 E 时，保护启动，由此时开始计算电流增量，同时开始计时。在延时 $t_{\Delta I_{max}}$（2ms）时，如果电流增量大于 ΔI_{max}（ΔI_{max} = 3500A），则由 ΔI 保护立即出口使直流馈线断路器跳闸。这就是 di/dt + ΔI 保护动作的情况，这种情况一般是发生了线路中段的短路。设置 di/dt + ΔI 保护的整定值要考虑以下四个参数的配合：E、F、ΔI_{max} 和 $t_{\Delta I_{max}}$。

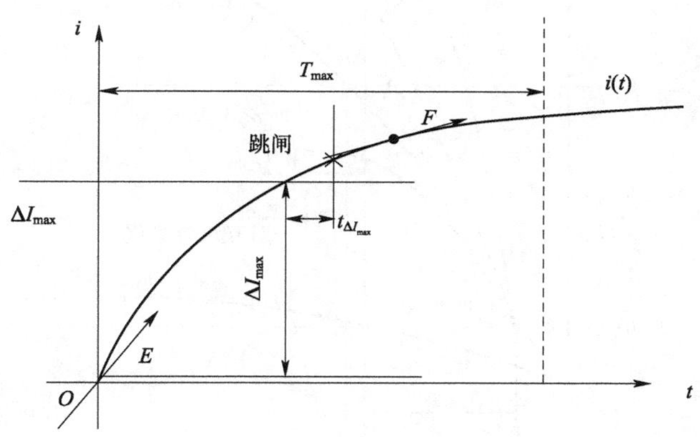

图 5-9　di/dt + ΔI 跳闸特性曲线

第二种情况，如图 5-10 所示。当实测电流上升率 di/dt 大于 E，保护启动，持续到 T_{max}（80ms）延时时间时，如果电流增量仅仅是大于 ΔI_{min}（ΔI_{min} = 1800A），则 di/dt 保护出口使开关跳闸。这就是 di/dt + Δt 保护的动作情况，这种情况一般是发生了线路末端短路。设置 di/dt + Δt 保护的整定值要考虑以下四个参数的配合：E、F、ΔI_{min} 和 T_{max}。

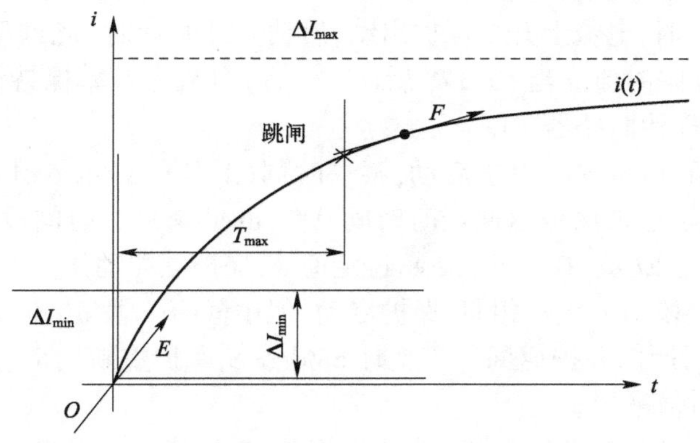

图 5-10　di/dt + Δt 跳闸特性曲线

综上所述，电流上升率 di/dt 保护和电流增量 ΔI 保护的启动条件通常都是同一个预定的电流上升率 E。在启动后，两种保护进入各自的延时阶段，互不影响，哪个保护先达到动作条件就由它来动作。一般情况下，di/dt 保护主要针对中远距离的非金属性短路故障，ΔI 保护主要针对中近距离的非金属性短路故障（金属性直接短路故障由断路器自身的大电流脱扣装置来跳闸）。

需要说明的是，上述两种情况在计算电流增量的过程中允许电流上升率在相对较短的时间内回落到 di/dt 保护整定值之下，只要这段时间不超过 di/dt 返回延时整定值，则保护不返回；反之，保护返回。

2. DDL 保护的典型工况分析

图 5-11 所示是 DDL 保护的典型工况图，分析如下。

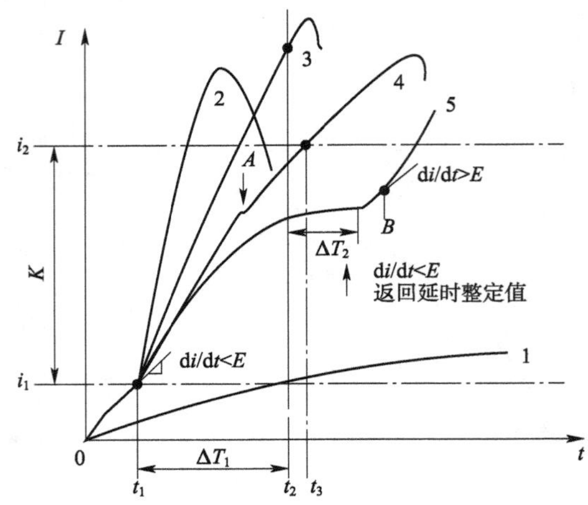

图 5-11　DDL 保护的典型工况

$K=i_2-i_1$-电流增量保护 ΔI 的整定值；E-电流上升率保护 di/dt 整定值；$\Delta T_1=t_2-t_1$-di/dt 延时动作的时限整定值；ΔT_2-di/dt 返回延时整定值

曲线 1：属于机车启动电流，电流上升率 di/dt < E；电流增量 $\Delta I<K$，保护不启动。

曲线 2：虽然电流上升率 di/d$t>E$，电流增量超过 K，保护启动，但延时时间 ΔT_1 不足，经过几毫秒的延时后，电流就开始下降，此时的 di/d$t<E$、$\Delta I<K$，保护返回。

曲线 3：di/d$t>E$ 时，电流上升率保护启动，启动后开始计时（此刻记为 t_1），并计算每个采样点的 di/dt 和 ΔI 瞬时值。当 $t>\Delta T_1$ 后（即 t_2 后）电流上升率保持住 di/d$t>E$ 状态，且 $\Delta I>K$，保护动作，立即使断路器跳闸。

曲线 4：初始阶段 di/d$t>E$，保护启动，某一时刻（A 点），di/dt 小于定值 E，保护并不立即返回，但从此刻开始记录保护返回延时时间 ΔT_2，di/d$t<E$ 的时间没超过 ΔT_2，保护不返回，继续判断电流增量 ΔI 值，在 t_3 处，ΔI 超过定值 K，保护立即动作。

曲线 5：曲线前半段与曲线 4 相同，保护启动，但中间有一段 di/d$t<E$，并且持续时间超过返回延时时间 ΔT_2，所以保护返回。B 点时 di/d$t>E$ 保护重新启动，并开始新计时，继续进行 di/dt 和 ΔI 瞬时值采样。

对于远端故障电流由于其上升的速率比近端的慢，峰值也小很多，通常与机车启动或通过接触网分段时的电流瞬时值相近，甚至小于该电流。所以将远端故障电流与机车启动电流准确区分是变电所直流保护的难点。

3. DDL 保护参数的整定原则

（1）启动值 E 的数值应大于机车启动时的最大电流变化率，返回值 F 应小于远端短路电流的最大电流变化率。

（2）ΔI_{max} 的数值应大于机车启动电流及机车过接触网分段时产生的冲击电流的最大值；当达到延时时间 T 时，ΔI_{min} 数值应大于远端短路电流的电流增量。

(3)延时跳闸的延时时间 ΔT 的数值应该大于机车启动时间的最大值。同时考虑到通过接触网分段时机车内的滤波器有一个充电过程，所以 ΔT 的设定也要保证大于半个机车谐振周期及误差值。

三、双边联跳保护

1. 双边联跳保护原理

双边联跳保护是为了更加安全地向接触网供电,在故障情况下确保相邻变电所可靠跳闸而增设的后备跳闸装置。

联跳信号的发送与接收如图 5-12 所示。联跳信号采用硬线连接。去联跳信号是持续的,被联跳信号是短脉冲 30 多秒,只有在工作位置时保护装置才发送去联跳信号。任何位置均能接收被联跳信号。

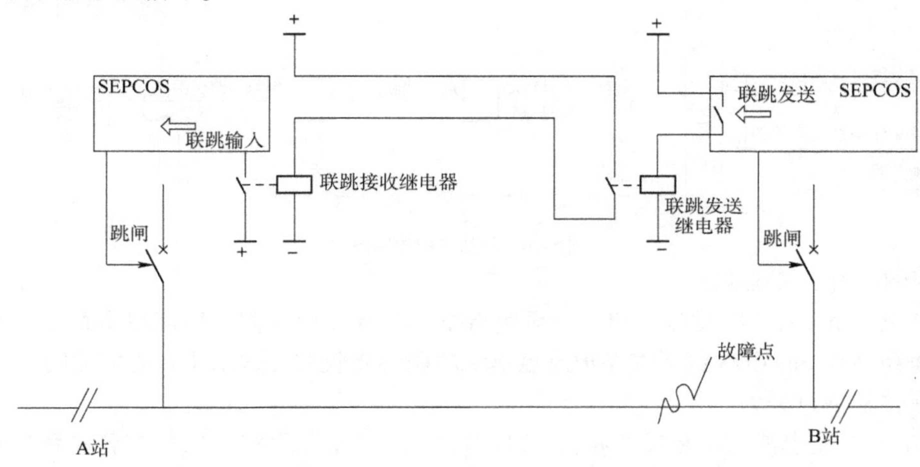

图 5-12　联跳信号的发送与接收

一个供电区由两个变电所供电,因此,当接触网发生故障后,距故障点近的直流快速开关,首先检测到短路故障电流,并发出跳闸命令跳开本站开关,同时再由联跳装置向邻站发出跳闸信号,邻站收到正确的信号后,其直流快速开关立即跳闸,而与该开关中电流是否达到其整定值无关,这就是双边联跳保护。采用双边联跳保护后,只要两个变电站中有一个正确跳闸,另一个也会随之跳闸,称为被联跳,保证与故障(例如短路)线路的完全隔离,从而提高了保护的可靠性。

如图 5-13 所示,在无故障的情况下,两变电所同时向接触网供电。如果有短路情况发生,例如 K 点发生短路,距短路点较近的变电所 A 短路电流大,它的馈线保护的 $\mathrm{d}i/\mathrm{d}t$ 瞬时保护或速断保护先动作,使馈线断路器 30 跳闸,同时向本站联跳装置发一个跳闸信号,并通过站间联络向相邻变电所 B 的联跳装置发送跳闸信号,使相应的馈线开关 10 跳闸。所以变电所 A 为主跳站,距短路点较远的变电所 B 为被联跳站。

应当指出的是,变电所 B 经过一段延时,通过 $\mathrm{d}i/\mathrm{d}t$ 延时保护或过流保护也动作,但是比联跳装置的跳闸信号先动作。这种情况联跳作为后备保护。

双边联跳逻辑图如图 5-14 所示。从图 5-14 可见,五种保护动作都能发出双边联跳信号,其中框架保护电流元件动作和紧急跳闸不允许重合闸,必须将其闭锁。

2. 双边联跳方案

直流双边联跳保护的功能是通过联跳电缆及两侧直流开关柜中配置的联跳继电器来实现的。双边联跳可通过开关或显示单元投退，下面以馈线柜测控保护单元来说明，如图5-15所示。

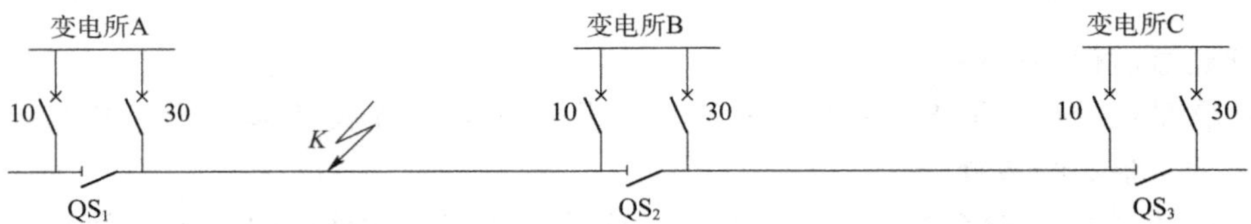

图5-13 直流馈线供电示意图

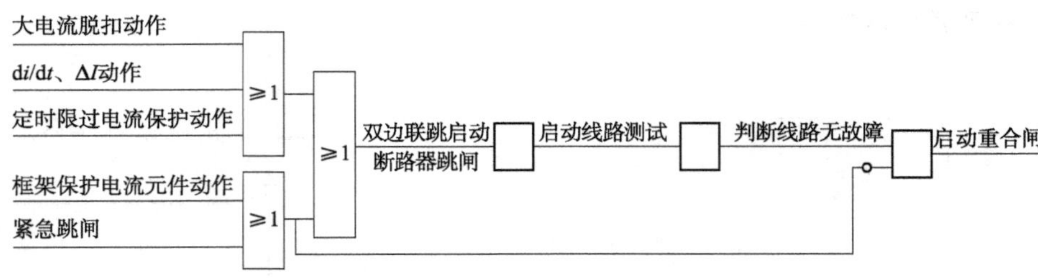

图5-14 双边联跳逻辑图

1)相邻变电所的联跳

当变电所A一台断路器跳闸时，必须使相邻变电所B内向同一区间供电的断路器同时跳闸。每条馈线SEPCOS数字式保护监控单元的联跳接收与发送采用独立的回路。

其具体实现过程为：

首先，一个变电所的一台馈线柜内SEPCOS型微机综合测控与保护装置联跳发送回路发出联跳信号，然后，经联跳继电器及相邻变电所间的联跳电缆，将此联跳信号发送到相邻变电所的向同一区间供电的馈线柜内，最后，经该柜内联跳继电器将信号送到SEPCOS型微机综合测控与保护装置，使其实现联跳断路器动作。

2)大双边联跳自动转换保护

当处于中间的变电所B退出运行时，通过大双边联跳自动转换功能，使其纵向隔离开关合闸，将两侧相间牵引变电所直流馈线的联跳信号连接起来，自动形成大双边联跳方式转换。即，变电所A的联跳发送继电器的输出信号通过联跳转换继电器传送给牵引变电所C的相应馈线柜的联跳接收继电器。例如，变电所A的10开关与变电所C的30开关通过联跳转换继电器实现联跳转换。

四、接触网热过负荷保护

接触网热过负荷保护的目的是要消除热过负荷，该保护作为电流上升率保护的辅助保护，对断路器、供电线路(电缆、接触网)等提供热过负荷保护。当直流线路处于过负荷状态时，即使没有任何短路故障发生，接触线或进线电缆的温度也会上升，当热过负荷电流流过时，该电流虽不致引起巨大的破坏，但此持续时间长了，其产生的热量会超过某些绝缘薄弱设备所允许的发热量，从而可能导致供电导体，尤其是接触网变软，引起这些设备不同程度

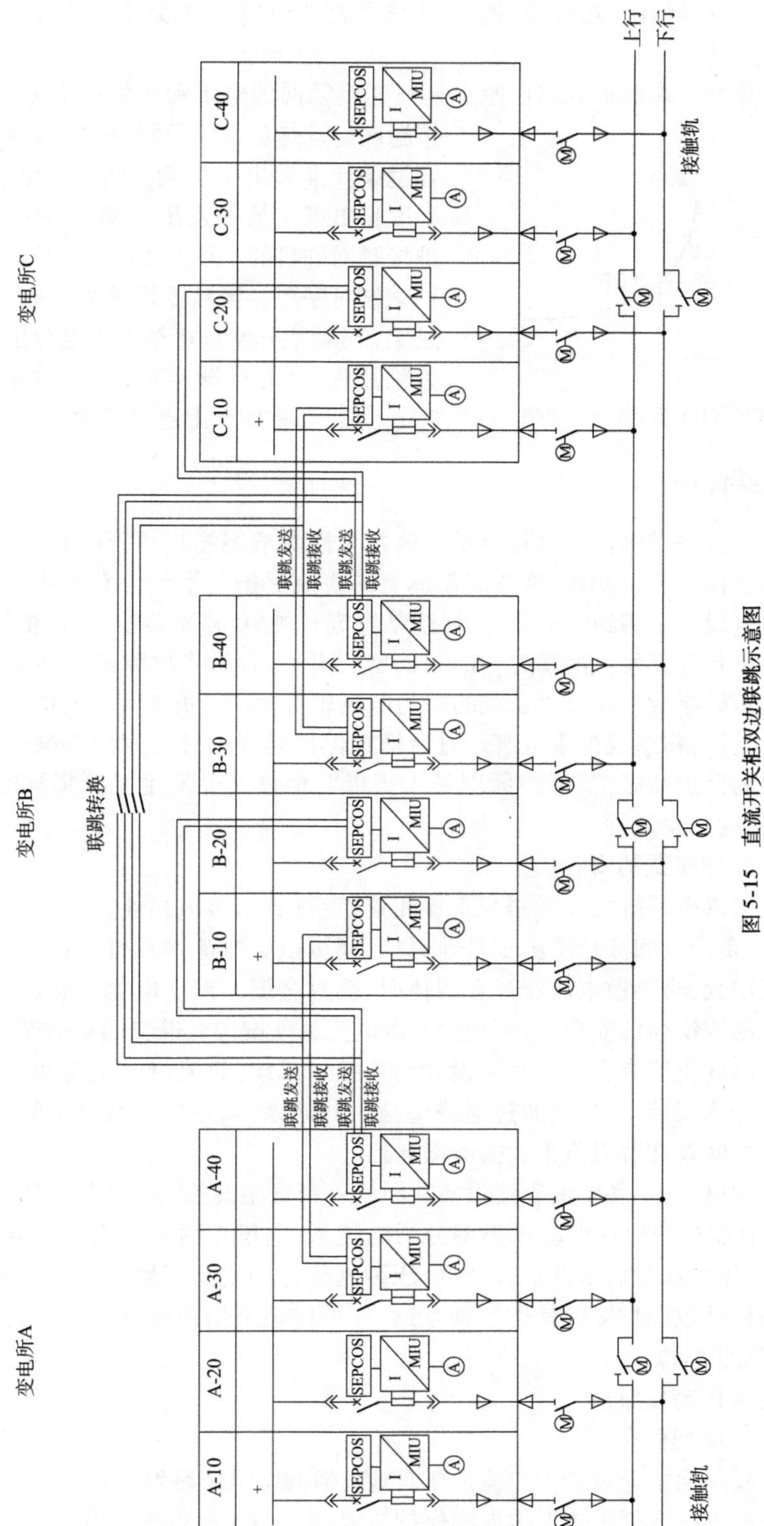

图 5-15　直流开关柜双边联跳示意图

的损坏。针对这种情况，接触线/轨、承力索及馈线电缆的温度可同时进行监测。各导体温度每10s监测一次。

接触网热过负荷保护的工作原理是根据接触网的电阻和接触网上流过的电流，计算出接触网的发热量，从而再根据接触网的热负荷特性及环境条件推算出接触网的电缆温度。当测量的电缆温度超出规定值便发出报警，跳闸命令，从而达到保护接触网的目的。图5-16给出了接触网热过负荷保护动作时序图。当温度超过T_{alarm}时给出报警信号，超过T_{trip}时则跳开给该接触网供电分区的直流开关。开关跳开后，电缆逐渐冷却，当温度进一步下降，低于$T_{reclosure}$后，则重新合上直流开关。

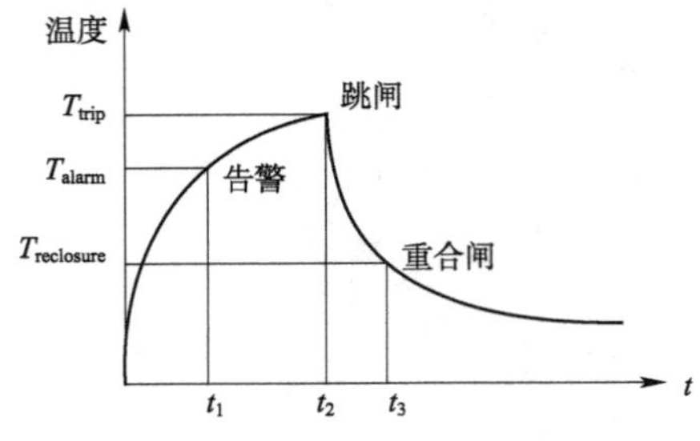

图5-16　接触网热过负荷保护动作时序图

五、框架保护

由于直流开关带电设备对直流柜柜体发生泄漏或绝缘损坏闪络时，其泄漏电流不足以启动其他直流保护装置动作，这样就使原有的直流保护起不到应有的作用。而牵引变电所内的直流供电设备采用绝缘安装，主要包括直流开关柜、整流器柜、负极柜等，一旦直流开关柜的正极对设备外壳发生泄漏时，如未能及时切除，容易将故障扩大为正极通过设备外壳对负极间的短路事故。而直流系统的短路电流非常大，正、负极短路时的短路电流可达几万安培，对直流设备将造成严重危害。直流框架保护是专门针对直流供电设备的正极与柜体发生故障时的保护措施，其保护原理是当正极对柜体外壳发生绝缘损坏时，能及时切除故障，保证系统的安全运行。

1. 框架保护装置的安装

直流牵引供电系统的接触网与正极相连，走行轨与负极相连。如果走行轨与地绝缘不良，则因牵引负荷的回流除了由走行轨返回，还可以经排流网及排流柜从地返回，但这样会使杂散电流增大，当杂散电流流过金属体时，会对金属体产生电化学腐蚀，为了保护设备金属体和建筑结构钢筋的安全，必须减少杂散电流进入城市轨道交通主体结构、设备及与其相关的设施。因此直流牵引供电系统设计为不接地系统，直流供电设备如进线柜、负极柜、整流柜都采用绝缘安装，走行轨通过绝缘垫与大地绝缘，以减少杂散电流的泄漏，故正常情况下钢轨对地之间存在着阻值很大的泄漏电阻。

在牵引变电所内，各牵引直流设备共同设一套直流设备框架保护装置，该装置一般设在负极柜内。直流框架保护以动作类型分为电流型、电压型两种。通常电流型作为框架保护的主保护，电压型作为后备保护，同时电压型框架保护也是钢轨电位限制装置的后备保护。直流开关柜柜体以保护接地扁钢实现互通，保护接地扁钢通过框架保护的电流元件和接地电缆接地，见图5-17。

2. 框架保护动作原理

1）电流型框架保护

电流型框架保护通过检测直流设备对地的泄漏电流来触发保护动作。直流电气设备框架通过负极柜内一套低阻抗框架泄漏保护装置（K_i）与大地接通。当直流设备绝缘发生变化时，例：发生直流设备正极碰壳时（如图5-18所示），电流经"+"→设备外壳→K_i→接地网→PL→整流柜负极，构成回路，当直流设备对柜体的泄漏电流达到整定值，电流型框架保护元件K_i动作，使相应的交、直流断路器跳闸，切除故障。排流柜在其中起到提高K_i电流保护元件灵敏度的作用。

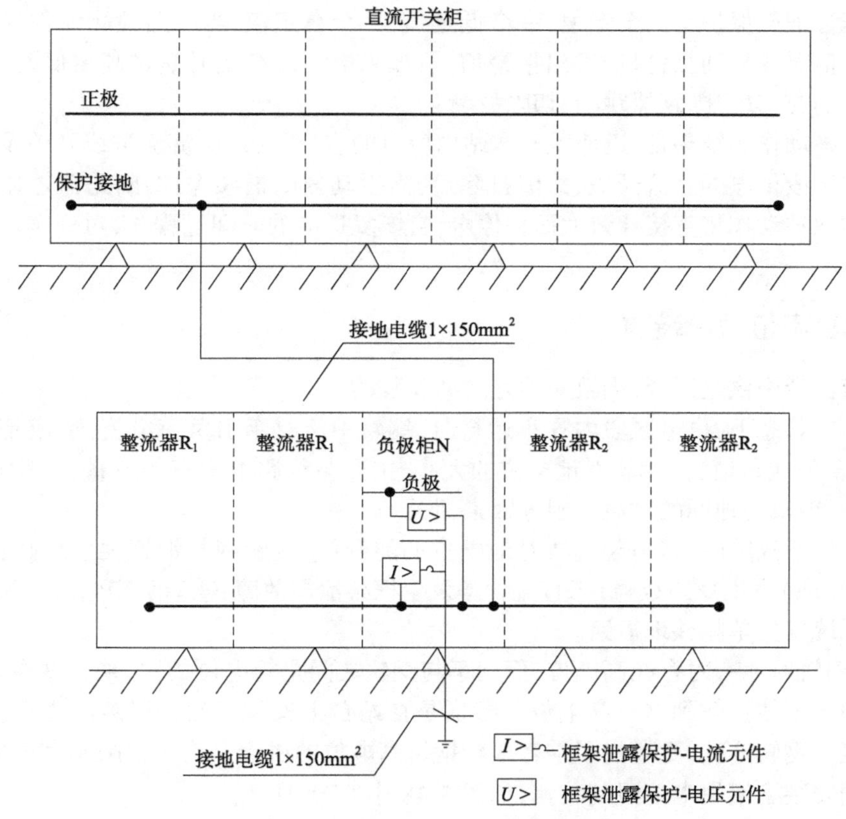

图5-17　框架保护装置安装示意图

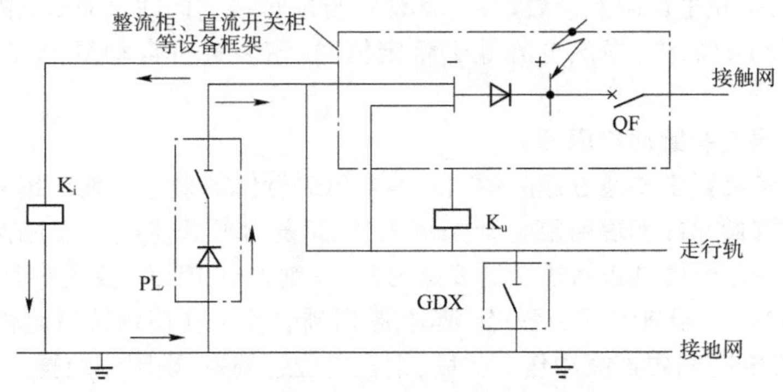

图5-18　直流开关柜正极碰壳短路示意图

K_i-框架保护电流元件；K_u-框架保护电压元件；PL-排流柜；GDX-钢轨电位限制装置

2）电压型框架保护

在城市轨道交通的牵引供电直流系统中，直流设备和钢轨都是采用绝缘法安装，钢轨对地的绝缘电阻是随着绝缘材料的性能变化的，所以电流型框架保护的电流回路的电阻是不确定的，当电阻很大时，可能会造成电流回路检测值达不到整定值的要求，从而设备发生绝缘下降而电流型框架保护不能动作的情况，所以电压型框架保护就是为了弥补这个缺陷。

电压型框架保护通过检测直流设备框架对直流设备负极之间的电压(K_u)来触发保护动作。电压型框架保护有两个定值，一个低定值，一个高定值，当线路检测元件检测到的电压超过低定值时，经延时后保护发出报警信号；如果电压继续上升超过高定值时，经延时后保护使相应的交、直流断路器跳闸，切除故障。

框架保护动作的结果是：迅速跳开本站内所有的直流开关、交流侧进线开关及相邻牵引变电所向本区段供电的直流开关，故障排除后，需手动复归框架保护，断路器才能重新投入合闸。框架保护动作将直接导致大面积停电，自恢复送电的时间过程长，对列车运营造成极大的影响。

六、钢轨电位限制装置

地铁直流牵引供电系统，钢轨对地是绝缘安装的。

正常运行状态下，供电区段内列车运行时，钢轨中流过牵引负荷电流，造成钢轨对地电位的升高(正值或负值)。钢轨对地电位的大小，主要与线路上机车的数量、负荷电流、牵引变电所间距、钢轨与地间的过渡电阻等因素相关。

当发生以下故障时，将引起钢轨对地电位的陡升：①接触网与钢轨发生短路；②接触网对架空地线(地)发生短路故障；③直流设备发生框架泄漏故障；④牵引变电所整流变压器二次侧交流系统发生单相接地短路。

因此，钢轨对地有时存在高电位，而列车与钢轨之间是等电位的，当乘客站在站台时，有可能通过列车车体接触到这一高电位。特别是在站台上安装了站台屏蔽门之后，由于站台屏蔽门直接与钢轨连接，更增加了乘客接触钢轨高电位的机会。为了保障乘客的安全，在钢轨和地之间安装了钢轨电位限制装置，如图 5-18 中 GDX 所示。

钢轨电位限制装置安装在各个车站及停车场内，监测钢轨与地之间的电压。如果该电压超过整定值时，钢轨电位限制装置动作，将钢轨与地短接。同时，GDX 也能监测流过装置中(钢轨与地之间)的电流，当该电流低于整定值时，该装置将自动复位，断开钢轨与地的连接。

1. 钢轨电位限制装置动作原理

钢轨电位限制装置主要通过检测钢轨对地电压进行保护动作。地铁钢轨电位限制装置主要由多级电压测量元件和短路复合开关组成，短路复合开关电路由直流接触器和晶闸管并联组成。以某一运营的城市轨道交通线路为例，其钢轨电位限制装置的动作设置如下：

(1) 当钢轨电位大于 90V 时，经一定延时，接触器合闸动作使钢轨与地相连，延时 10s 后分闸，如果在设定的时间内连续动作 3 次后，钢轨电位还偏高，则限制装置合闸后不再分闸。

(2) 当钢轨电位大于 150V 时，接触器无延时动作，不再分闸，直到电压恢复正常值，接触器断开。接触器动作虽然无延时，但接触器的固有动作时间比晶闸管反应长。

(3) 当钢轨电位大于 300V 时，晶闸管在 1ms 之内导通，使钢轨与地相连，同时接触器启动其常开接点永久接通。若此类情况发生，必须由人工复归后，方可重新合上开关。

2. 钢轨电位限制装置与框架保护的关系

电压型框架保护与钢轨电位限制装置保护都是检测钢轨电位对地电压，不同的是电压型框架保护的作用是侧重于保护直流设备安全，动作于相关进出线开关跳闸，隔离故障直流设备，钢轨电位限制装置保护的作用是降低钢轨对地电压，从而保护人身安全，而且不联跳相关进出线开关，牵引直流系统不受影响，列车仍可正常运行。

由于电压型框架保护电压整定值大于或等于对应的钢轨电位限制装置的值，而且动作延时时间较长，正常情况下，当发生钢轨电位升高到一定值时，钢轨电位限制装置应首先动作，使钢轨与地连通，将钢轨电压泄入大地，把电位钳制在地电位，一旦钢轨电位限制装置拒动时，电压型框架保护延时动作于报警或跳闸，起到了保障人身安全和设备安全的作用。

如线路没有发生短路故障，而是由于车辆运行中其他原因导致钢轨电位升高，理应由钢轨电位限制装置动作，但如果钢轨电位限制装置与电压型框架保护装置匹配存在问题，从而因钢轨电位限制装置拒动，而导致电压型框架保护装置动作，就会造成接触网大面积停电，严重影响地铁正常运营。

因此，钢轨电位升高到整定值，钢轨电位限制装置应首先动作，只有调整好钢轨电位限制装置和电压型框架保护时间的配合关系，才能有效避免电压型框架保护误动作情况的发生。

【事故案例】

1. 案例及分析

1999 年 6 月，某地铁线路由于钢轨电位升高，直流框架保护动作，引起本所 6 个直流开关柜和进线 2 个 35kV 整流柜跳闸，同时分别联跳相邻两个变电所向故障所方向供电的各 2 个直流开关，导致接触网大面积停电，影响行车 42min；2005 年 1 月 3 号，某地铁才开通几天，同样由于框架保护动作，导致某号线全线瘫痪，影响行车近 4h。

针对上述地铁线路发生的框架保护动作情况分析，当时均没有发生短路故障，而是由于车辆运行和其他原因导致钢轨电位的升高，应该由钢轨电位限制装置动作，但由于钢轨电位限制装置与电压型框架保护装置匹配存在问题，从而导致电压型框架保护装置动作。

2. 发生直流框架保护动作后的应急处理及操作程序

一旦发生直流框架保护动作，就会向交直流开关发出跳闸命令，本所 6 个直流柜和 2 个 35kV 整流变柜同时跳闸，并联跳相邻 2 个牵引变电所各 2 个向本区段双边供电的左右线开关，共 12 个开关柜跳闸。故障发生后，高压供电巡检和值班人员应沉着冷静，正确判断故障类型和停电影响范围，电调也可以通过 OCC 控制中心 SCADA 工作台确认故障所保护跳闸和报警的类型，并及时通知值班主任和行调，这里主要就高压供电巡检值班人员应急处理程序作以下介绍。

本所有人值班时：

(1) 如果是电流型框架保护动作，值班人员应迅速打开负极柜后门，按下柜内 K500 (MAS－2) 继电器上的红色复位按钮，使继电器复位，复位完成后应迅速关好负极柜后门，然后迅速在直流开关柜侧面板处，按下“复位按钮”复位。

(2) 如果是电压型框架保护动作，可直接在直流开关柜侧面板处，按下“复位按钮”复位。

(3) 如果复位成功，迅速通知电调，电调可以直接合上所有跳闸开关。

(4)如果复位不成功，供电值班人员应迅速将故障所直流开关柜侧面板处将联跳转换开关转换到切除位置，解除与相邻牵引所的联跳装置，联跳装置解除后，相邻牵引所被联跳的开关会自动重合，说明线路正常，此时故障牵引所的相邻2个牵引所之间已经单边供电(故障牵引所退出运行)，电调确认以上动作后，应尽快进行大双边越区开关操作，由单边供电转换为大双边供电运行方式。

本所无人值班时：

如果发生直流框架保护动作的故障牵引所无人值班，那相邻牵引变电所肯定有人，一旦故障所发生直流框架保护动作，相邻牵引所值班人员得到信息后，应迅速将直流开关柜侧面板处将与故障所联跳转换开关转换到切除位置，解除与故障牵引所的联跳装置，联跳装置解除后，故障牵引所相邻牵引所被联跳的开关会自动重合，说明线路正常，此时故障牵引所的相邻两个牵引所之间已经单边供电(故障牵引所退出运行)电调确认以上动作后，应尽快进行大双边越区开关操作，由单边供电恢复为大双边供电运行方式。

七、馈出线的线路检测装置

线路检测装置用于对直流馈线断路器进行控制。每个馈线柜中都有线路检测装置，在合闸前，对即将送电的接触网(接触轨)线路进行测试，以防止断路器与其近端短路故障点连通。

典型的线路测试原理图如图5-19所示。

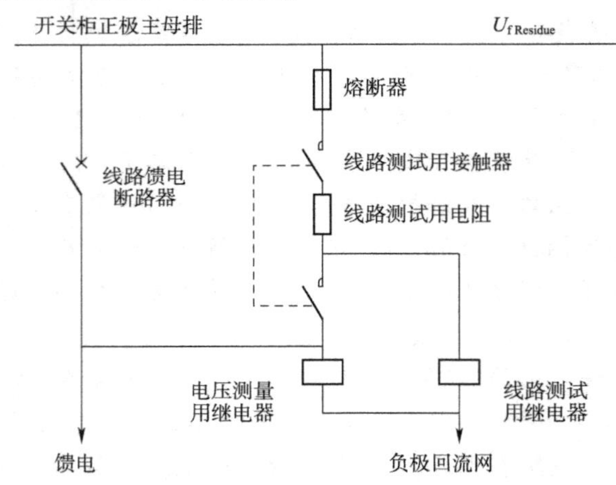

图5-19　线路测试的典型线路图

线路检测装置在断路前合闸前进行线路测试，主要监测母线电压 U_z，馈线电压 U_f。

在开关柜主母线和馈线之间增加线路测试用电阻和线路测试用接触器，通过测量馈电线(接触网)与回流网之间的电压 U_f 以及回路电阻 R，将馈线电压 U_f 与线路最小工作电压 $U_{f\,Low}$ 以及线路残压 $U_{f\,Residue}$ 比较，将回路电阻 R 与线路最小电阻 R_{min} 比较，确定是否可以合闸。一般来说，1500kV 直流供电系统的整定参数为：$U_{f\,Low}=750V$，$U_{f\,Residue}=500V$，$R_{min}=2.5\Omega$；750V 直流供电系统的整定参数为 $U_{f\,Low}=450V$，$U_{f\,Residue}=150V$，$R_{min}=2.5\Omega$。

线路测试的各种情况如下：

(1)$U_z < U_{f\,Residue}$，且 $U_f > U_{f\,Low}$，说明该段接触网线路已经由相邻牵引变电所馈线断路器合闸供电，该段接触网线路绝缘良好，本所断路器可以直接合闸。

(2) $U_z > U_{f\,Low}$，且 $U_f > U_{f\,Low}$，说明相邻变电所已经合闸，本站总闸已经合闸，若电压差保护投入使用(则检测断路器母线侧和线路侧的电压差是否在允许范围)，判断电压差是否在允许范围内，若电压差保护未投入，则直接合闸馈线断路器。

(3) $U_z > U_{f\,Low}$，且 $Uf < U_{f\,Residue}$，说明该段接触网线路尚未送电，无法确认绝缘是否良好，闭合线路测试用接触器 T 秒，将 $U_{f\,Residue}$ 加到线路上，测量线路的回路电阻 R。如果电阻 $R > R_{min}$，则说明该段接触网线路绝缘良好，则断路器可以合闸。如果电阻 $R_{min} > R$，在"就地"模式下，线路测试停止并闭锁断路器；在"遥控"模式下，连续进行线路测试 N 次，每次时间间隔 D，若线路故障存在，线路测试停止并闭锁断路器。

(4) 除上述三种以外的情况，均闭锁断路器的合闸。

其中线路测试次数 N、两次测试的间隔 D、每次测试的时间 T 均可调。

【运行实例】

1. 运行中的成功实例

在城铁某线路运行过程中，曾发生在一次早晨送电时，变电值班员发出合闸命令后，相应的馈线断路器不动作，之后发现线路检修人员完成工作后，遗漏一组地线未拆除，地线拆除后，断路器合闸成功。此事例，属于典型的接触网—钢轨回路电阻小于 1Ω，不满足线路检测条件，闭锁合闸。此实例证明，线路检测装置很大范围内能检测出短路点，避免馈线开关带故障试合后加速跳闸，确实能起到其应有的作用。

2. 运行中发现的问题及治理措施

同样，在城铁某线路运行过程中，全线处在单边供电的试验期，曾发生一列机车驶入某供电臂后，该供电臂对应的馈线开关 I_{max} 动作跳开，当微机保护装置发出重合闸命令后，再次跳开，断路器反复动作。现场状况是：一方面，发现跳闸后，微机保护装置发出重合闸命令，开始线路检测，并且线路检测条件满足，断路器立刻重合闸；另一方面，一旦馈线开关合闸后，I_{max} 立刻动作，断路器跳开，如此反复。事后检查发现，列车母排上存在短路点，这是断路器跳闸的原因；而线路检测之所以通过，是由于长时间工作使得列车受电刷上附着较多油污，并且接触轨与走行轨存在生锈腐蚀，使得列车回路呈现的电阻值增大。机构上的油污与轨道生锈腐蚀造成的线路电阻增大和车辆上的绝缘特性破坏造成的机车主回路电阻减小相互抵消，恰好躲过了线路检测回路，使得重合闸动作。为避免线路检测误通过后馈线开关反复动作的情况再次发生，将微机保护装置修改为断路器如果故障跳闸后，重合闸连续两次不成功，闭锁重合闸。

八、自动重合闸装置

1. 自动重合闸的作用

架空输电线和地铁牵引网的故障大都是瞬时自消性的。如打雷闪电、树枝落在导线上引起的短路等。这类故障在线路电源被继电保护装置迅速切除后，经一定时间绝缘能重新恢复，故障能自行消除。这种故障叫瞬时性故障，这时若断路器重新合闸，就能够重新正常供电，减少停电时间，提高供电可靠性。

由于直流牵引供电系统短路故障中，瞬时性故障占较大比例，变电所直流馈线通常配置有自动重合闸以保障供电可靠性。通过线路测试回路，计算线路残余电阻来判别故障性质，决定是否进行自动重合闸。

2. 采用自动重合闸的技术经济效果

(1)大大提高供电可靠性，减少线路停电时间和次数，这对地铁供电这种一级负荷来说尤为重要。

(2)在高压输电线路上采用重合闸，还能提高电力系统并列运行的稳定性。

(3)对断路器本身由于机构不良或继电器误动作引起的误跳闸，也能起到纠正的作用。

所以在牵引网和输电线路中都采用了自动重合闸装置。但采用自动重合闸后，当重合于永久性故障上时，也将带来一些不利影响。

不利影响主要有：

(1)若断路器重合于永久性故障上时，使供电系统多受一次故障冲击。

(2)若断路器重合于永久性故障上后，保护会使断路器第二次跳闸，断路器的工作条件变得更加恶劣，在很短的时间里，它要连续切断两次短路电流。

需要指出的是，目前实际运行中，重合闸动作的条件一般设定为线路检测通过且重合闸不成功次数小于设定次数，而不同于以往的重合闸动作只一次不成功就被闭锁，这有利于提高供电的可靠性，但对保护定值的设置提出了较高要求。

3. 对自动重合闸的基本要求

参见图5-20自动重合闸逻辑框图。

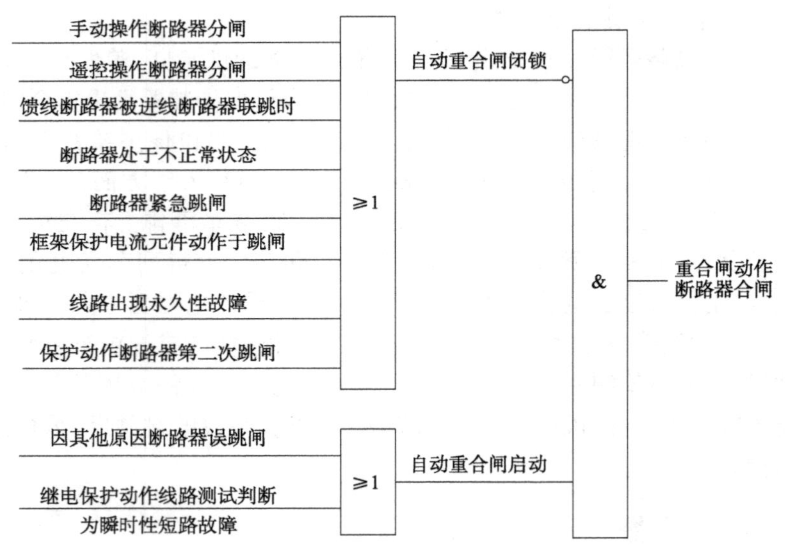

图5-20　自动重合闸逻辑框图

(1)自动重合闸闭锁条件如下：

①值班员手动操作或遥控操作断路器分闸时；

②馈线断路器(分闸)被进线断路器(总闸)联跳时；

③断路器紧急跳闸时；

④框架保护电流元件动作于跳闸回路时。

(2)当断路器因电量保护动作(框架保护除外)跳闸或被联跳后,并经线路测试判断属于瞬时性短路故障后,重合闸均应动作,使断路器重新合闸。

(3)自动重合闸合闸次数应符合预先规定。如一次重合闸,装置应该只动作一次,当保护第二次跳闸后,重合闸不应该再重合。

(4)自动重合闸动作完毕应自动复归,任何情况下都不能处于不返回状态,使重合闸出现多次重合。

(5)重合闸时间应尽量短,这样可以缩短停电时间,提高供电可靠性。但也不能太短,否则绝缘来不及恢复,重合不会成功。

练一练

判断对错:

1. 电流增量保护主要是针对近距离的金属性短路故障。 ( )
2. 大电流脱扣保护不能保护远端短路。 ( )
3. 框架保护动作后,本所内所有的直流开关、整流变压器进线开关以及邻所向本供电分区供电的直流开关全部跳闸。 ( )
4. 钢轨电位限制装置侧重于保护人身安全。 ( )
5. 正常情况下当发生钢轨电位升高到一定值时,电压型框架保护应首先动作。 ( )
6. 手动投入断路器而随即又跳闸时,重合闸应动作。 ( )

单元5.3 直流牵引供电系统的保护配置

直流系统保护是城市轨道交通直流牵引供电系统安全可靠供电的重要一环,从直流主接线形式的构成角度考虑,直流系统的保护可分为直流进线保护、直流馈线保护和框架泄漏保护等。不同的牵引变电所其电气特性不同,运行要求不同,所以保护装置的整定值不同,甚至保护的配置也不相同。

一、直流进线保护

(1)大电流脱扣保护;
(2)逆流保护;
(3)被牵引整流机组中压侧开关联跳;
(4)被框架保护联跳。

二、直流馈线(包括备用馈线)保护

(1)大电流脱扣保护;
(2)电流变化率 $\mathrm{d}i/\mathrm{d}t$ 及增量 ΔI 保护;
(3)接触网热过负荷保护;
(4)线路测试及自动重合闸;
(5)定时限过流保护;
(6)低电压保护;

(7)车站 IBP 盘(综合备用保护盘,Integrated Backup Panel)紧急分闸;

(8)被框架保护联跳;

(9)被进线开关联跳;

(10)被相邻牵引变电所直流馈线断路器联跳;

(11)牵引变电所联跳保护;

(12)大双边联跳自动转换保护。

三、其他保护

(1)框架保护;

(2)钢轨电位限制装置。

需要说明的是,在上述保护中,被进线开关联跳是指当一路进线故障跳闸后,另一路进线再分闸;或者当一路进线分闸后,另一路进线再故障跳闸,则联跳所有馈线开关,实现变电所联跳保护功能。

牵引变电所联跳保护是因为虽然直流馈线断路器设置了多重保护,但都属于近后备保护,无远后备保护。当开关失灵时,将无法切除故障电流。考虑到直流断路器的失灵情况,在牵引变电所直流系统各开关处设联跳保护。当直流进线开关或馈线开关中,有任一台开关拒动时,发出联跳信号,将本牵引变电所范围内的所有直流进线断路器和直流馈线断路器联跳分闸,实现短路电流的完全切除。

单元 5.4　直流牵引供电系统的联锁与闭锁

以下内容以某地铁线路直流牵引供电系统主接线(参见图 5-21)为例进行说明。需要注意的是:

(1)上网隔离开关、越区隔离开关的状态显示与控制在端子柜实现。

(2)所有与外部连接的信号从端子柜引入/引出。

(3)综控室 IBP 盘紧急分闸信号引至端子柜,通过端子柜引出电缆联跳馈线柜及邻站断路器。

一、进线断路器(总闸 60、70)的联锁关系

(1)进线断路器合闸条件(图 5-22):

①进线断路器遥控合闸且进线断路器的控制开关在遥控位置时,或进线断路器当地合闸且进线断路器的控制开关在当地位置时;

②断路器装置无故障;

③系统就绪(进线断路器无报警信号或已经复归);

④断路器工作位且正极隔离开关和负极隔离开关合闸位,或进线断路器试验位。

以上四个条件同时满足时才能合闸。

(2)进线断路器分闸条件(图 5-23):

进线断路器遥控分闸且进线断路器的控制开关在遥控位置时,或进线断路器当地分闸且进线断路器的控制开关在当地位置时可分闸。

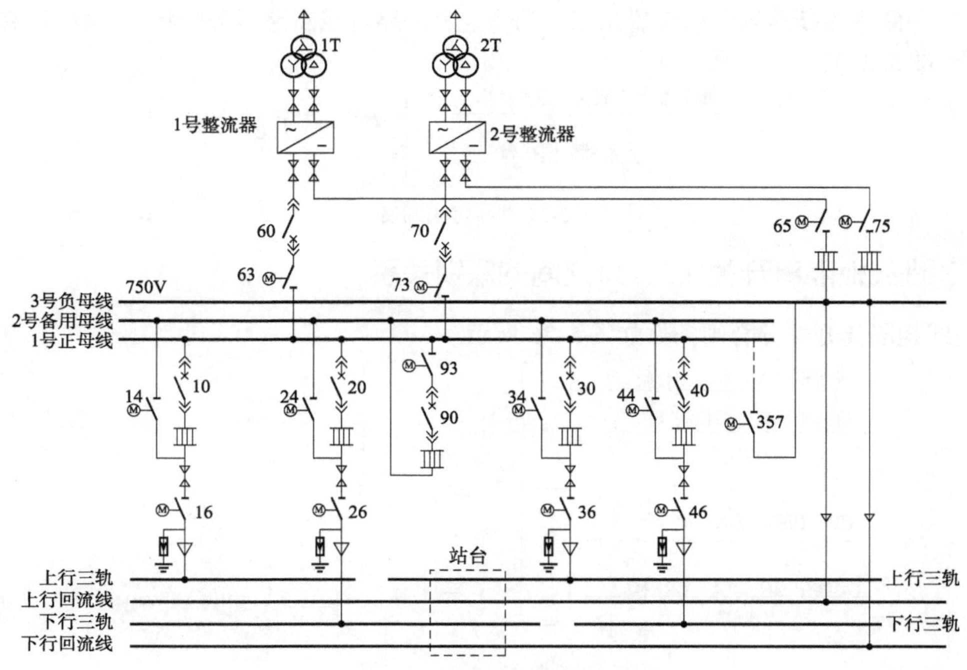

图5-21　某地铁线路直流牵引供电系统主接线

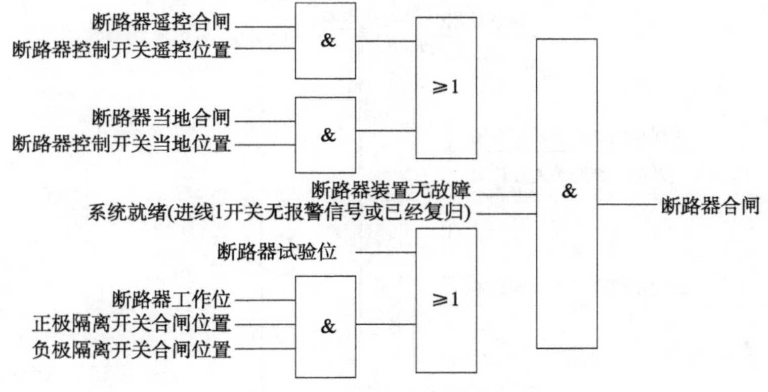

图5-22　进线断路器合闸条件

(3)负极隔离开关电磁锁解锁、框架保护动作、相应交流机组10kV馈线开关动作、逆流保护动作、大电流保护动作时,联跳并闭锁正极进线断路器(图5-24)。

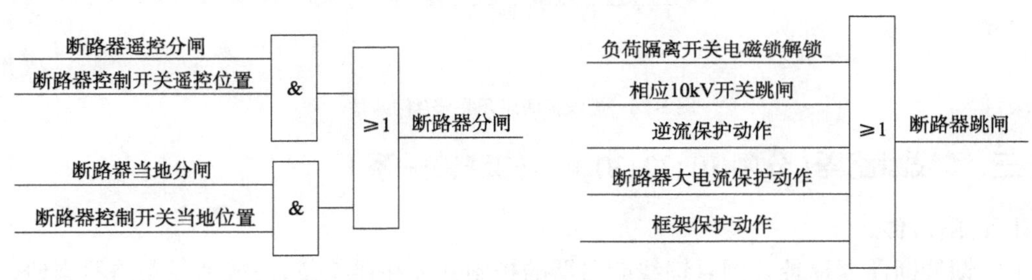

图5-23　进线断路器分闸条件

图5-24　断路器跳闸

(4)一路进线断路器大电流脱扣保护动作且另一路进线断路器分闸状态,联跳所有馈线断路器(图5-25)。

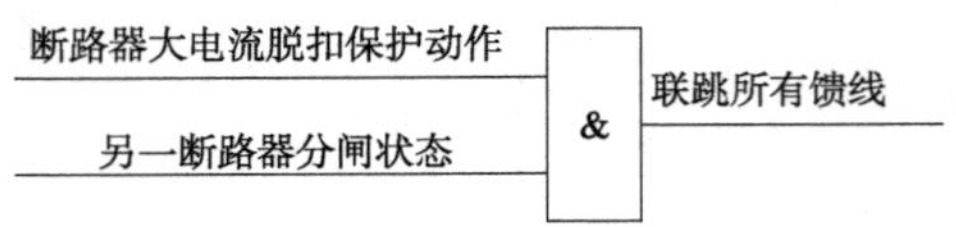

图5-25　联跳所有馈线

二、进线柜隔离开关(63、73)之间的联锁关系

进线柜隔离开关分合闸条件如图5-26所示。

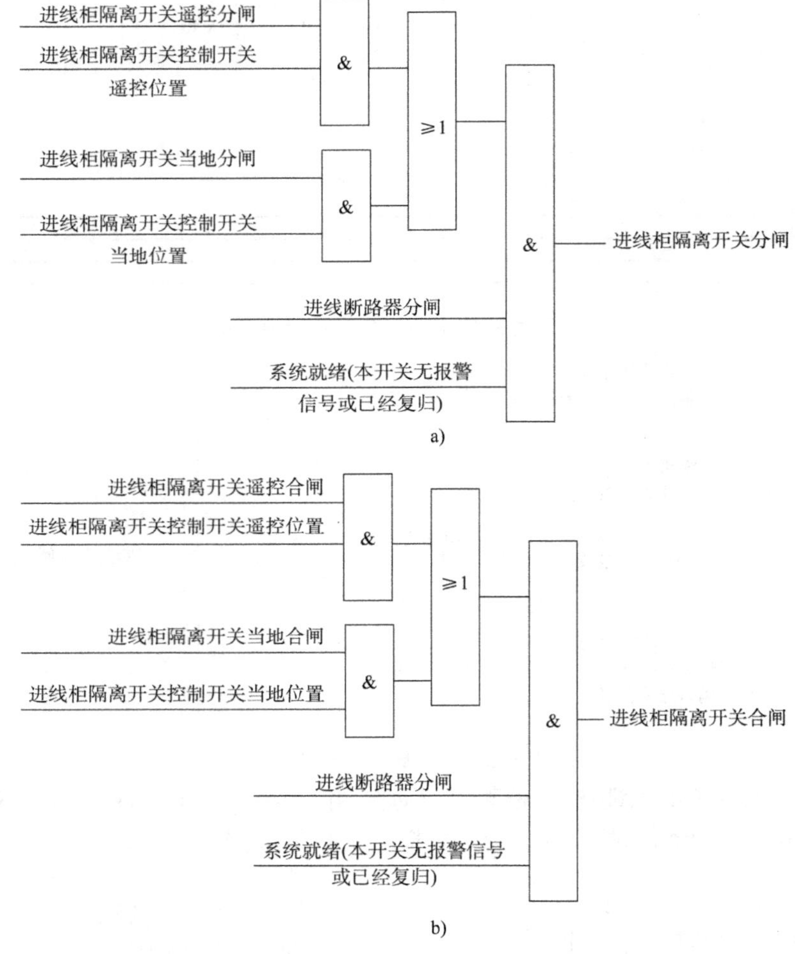

图5-26　进线柜隔离开关分合闸条件

三、馈线断路器(分闸10、20、30、40)的联锁关系

1. 合闸条件

(1)馈线断路器遥控合闸且馈线断路器的控制开关在遥控位置,或馈线断路器当地合闸且馈线断路器的控制开关在当地位置;

(2)系统就绪(本断路器无报警信号或已经复归);

(3)馈线断路器工作位且旁路隔离开关分闸位,或馈线断路器试验位。

以上三个条件同时满足才能合闸(图 5-27)。

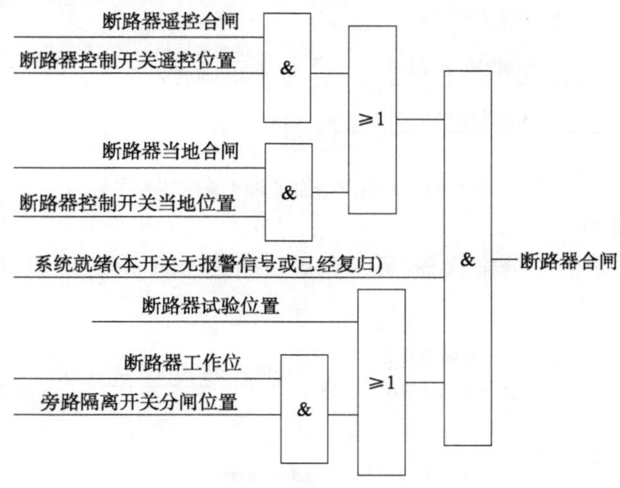

图 5-27 断路器合闸条件

2. 分闸条件

馈线断路器当地分闸且馈线断路器的控制开关在当地位置,或馈线断路器遥控分闸且馈线断路器的控制开关在遥控位置时,可进行分闸操作(图 5-28)。

3. 保护跳闸条件

当紧急跳闸、被邻站联跳、断路器电流保护动作或框架保护动作任意一种情况发生时,均可使断路器跳闸(图 5-29)。

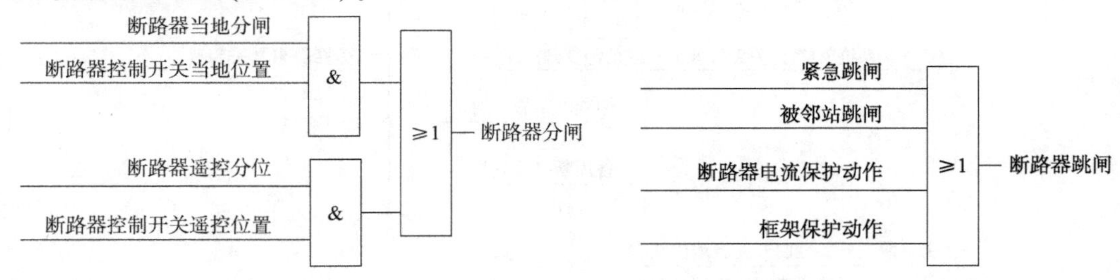

图 5-28 断路器分闸条件

图 5-29 断路器跳闸条件

4. 联跳并闭锁自动重合闸条件

当框架保护电流元件动作、断路器本体及综控室 IBP 盘按钮紧急分闸,跳闸并闭锁馈线断路器重合闸(图 5-30)。

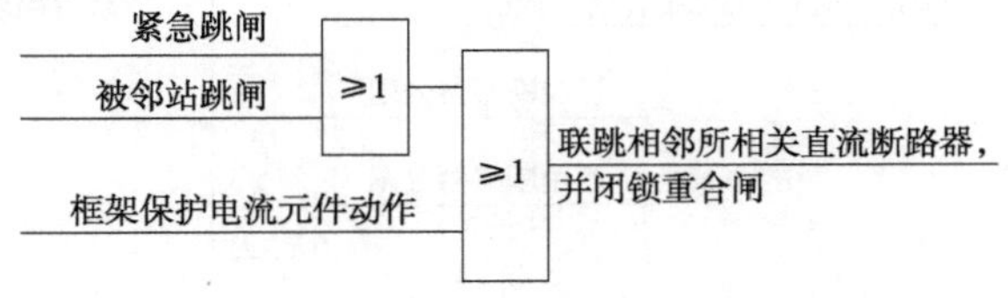

图 5-30 联跳并闭锁自动重合闸条件

5. 联跳、不闭锁自动重合闸条件

$di/dt + \Delta I$ 与 $di/dt + \Delta t$ 电流保护动作，联跳相邻站对应馈线断路器，不闭锁重合闸（图 5-31）。

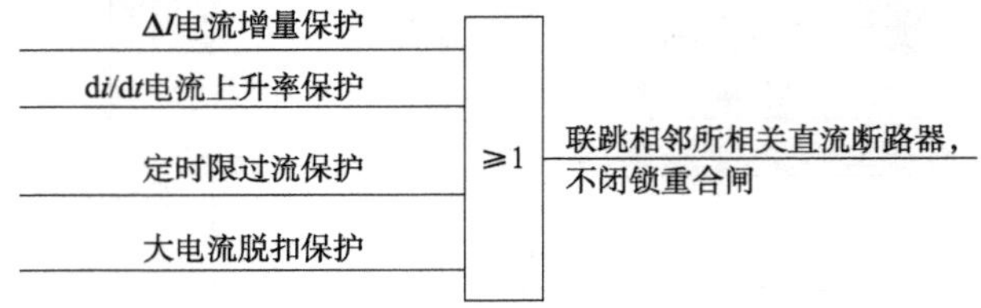

图 5-31　联跳、不闭锁自动重合闸条件

6. 联跳并闭锁条件

当一路进线断路器处于分闸状态，另一路进线断路器跳闸时，联跳并闭锁所有馈线柜内的馈线断路器（图 5-32）。

图 5-32　联跳并闭锁条件

四、馈线断路器旁路隔离开关（14、24、34、44）基本闭锁联动逻辑图

旁路隔离开关合分闸条件如图 5-33 所示。

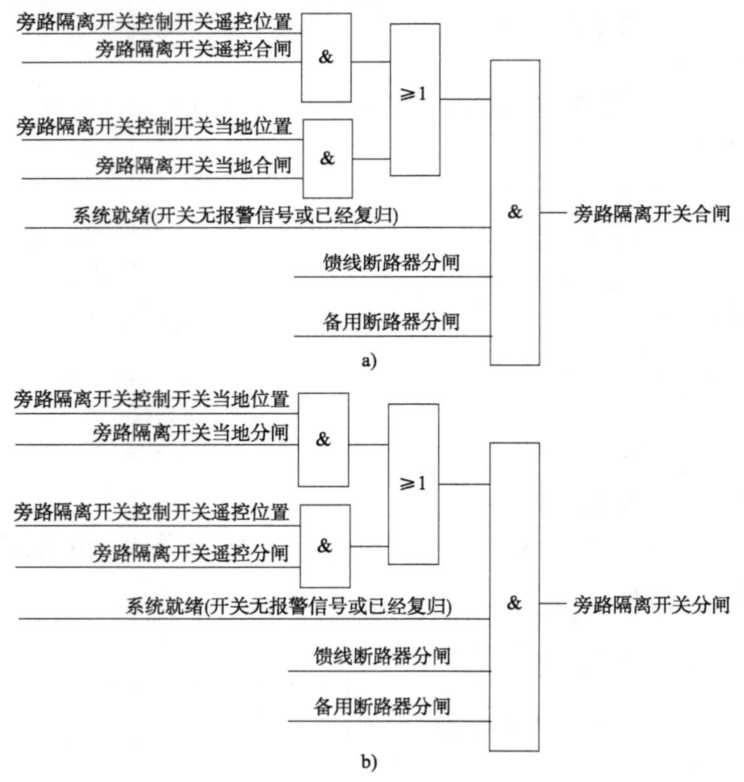

图 5-33　旁路隔离开关合分闸条件

五、备用断路器(90)联锁关系

备用断路器联锁关系如图 5-34 所示。

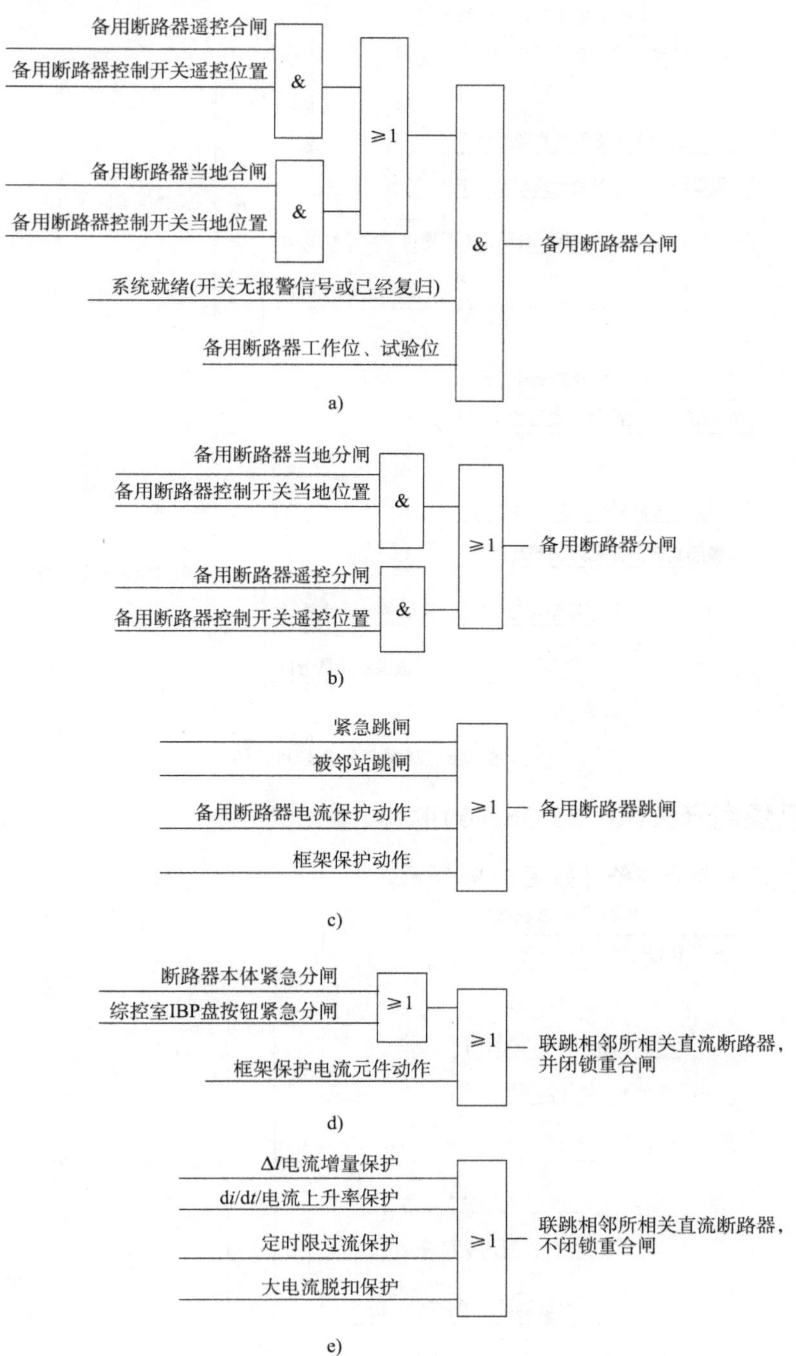

图 5-34　备用断路器联锁关系

六、负极电动隔离开关(65、75)联锁关系

负极隔离开关合分闸条件如图5-35所示。

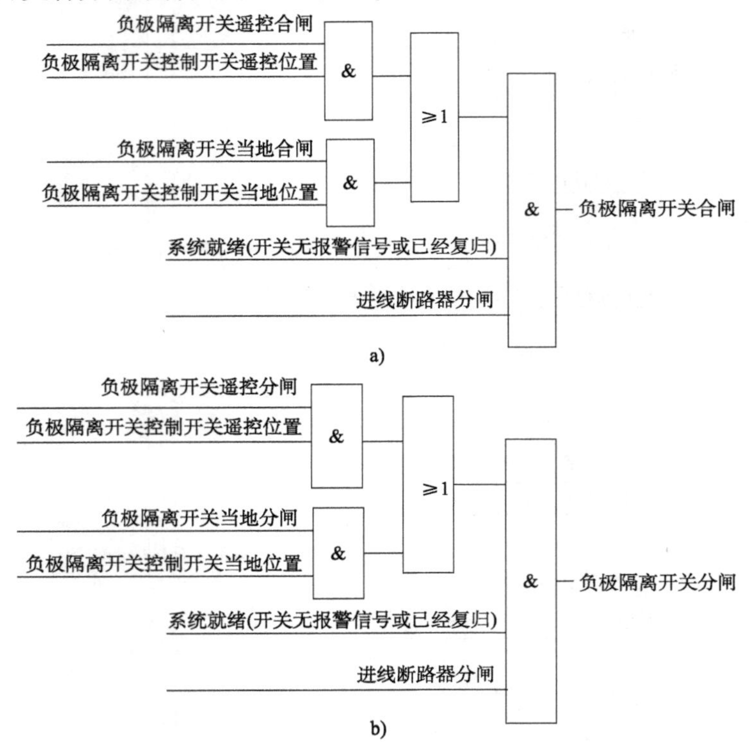

图5-35　负极隔离开关合分闸条件

七、上网隔离开关(16、26、36、46)联锁、闭锁关系

上网隔离开关合分闸条件如图5-36所示。

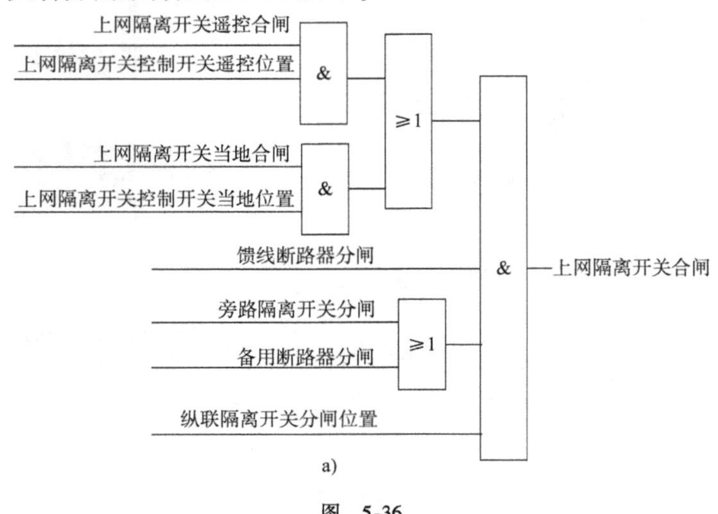

图　5-36

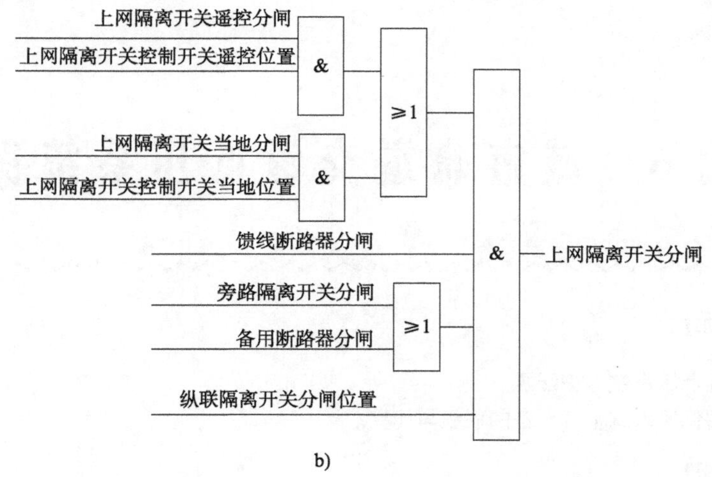

图5-36　上网隔离开关合分闸条件

八、纵联柜隔离开关(813、824)联锁关系

相应供电区间的两个相应的上网柜隔离开关都处于分闸位置,且左右相临两侧供电臂上无压时,本柜隔离开关才能分合闸操作。

当大双边供电时,通过越区隔离开关的辅助接点自动实现大双边联跳关系的转换。

练一练　参照图5-21写出本节一～八中提到的各断路器和隔离开关的编号。

复习与思考

1. 简述直流牵引供电系统的保护配置情况。
2. 整流变压器配置了哪些保护？简述其保护原理。
3. 整流器配置了哪些保护？简述其保护原理。
4. 叙述大电流脱扣的整定原则及保护范围。
5. 简述DDL保护的工作原理。
6. 简述双边联跳保护原理,并解释双边联跳的主跳站和被联跳站。
7. 根据双边联跳逻辑图说明哪些保护动作需要双边联跳？
8. 为什么要设置框架保护？如果框架保护动作,具体说明哪些开关需要跳闸？
9. 电压型框架保护与钢轨电位限制装置保护的共同点和区别是什么？
10. 简述线路测试的各种情况。
11. 自动重合闸的作用是什么？
12. 根据逻辑图叙述直流牵引供电系统进线断路器、馈线断路器分合闸的联锁关系。

单元6　城市轨道交通低压系统保护

【知识目标】

1. 掌握低压系统保护配置。
2. 掌握低压系统电气设备的联锁与闭锁。

【能力目标】

能说明低压系统保护的设置。

【素质目标】

培养刻苦钻研的精神和踏实肯干的工作态度。

单元6.1　低压系统保护配置

动力照明供电系统的功能是将交流中压电压降压变成交流380V/220V电压，为运营需要的各种机电设备提供低压电源。

在电气短路故障情况下，为防止间接接触带电体而导致人身触电，或因线路故障导致过热损坏，甚至导致电气火灾，低压系统应装设过载保护、短路保护和接地故障保护，用来断开故障并发出故障报警信号。

低压系统保护配置如下(可参考主接线图6-1)。

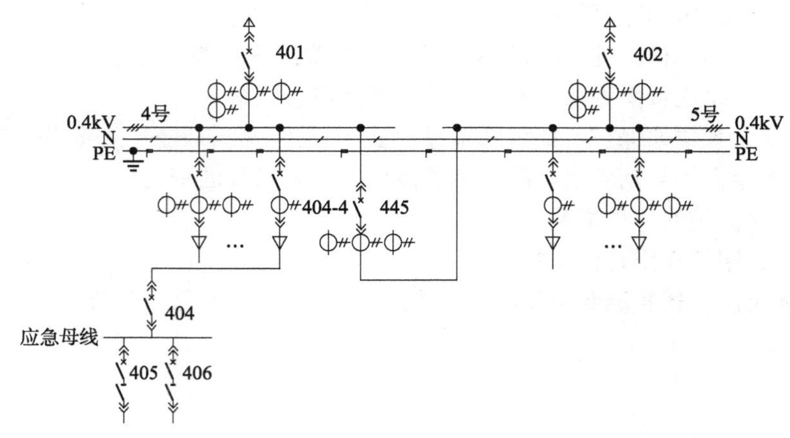

图6-1　400V系统示意图

一、低压进线保护

(1)长延时过负荷保护;

(2)短路短延时保护;

(3)短路瞬时保护。

长延时过负荷保护主要用于配电线路的过负荷保护。

短路短延时保护主要用于配电线路下级配电系统开关瞬时保护的后备保护。

短路瞬时保护主要用于配电线路的短路故障保护。

为保证馈线开关和进线开关具有完全选择性,短路瞬时保护可关闭。

二、低压母线分段开关保护

(1)长延时过负荷保护;

(2)短路短延时保护。

低压进线开关与母线分段开关的短延时保护应至少保持一个时间级差,当进线断路器的时限取0.4s时,母线分段开关的时限应取0.2s。

三、低压馈线开关保护

(1)长延时过负荷保护;

(2)短路瞬时保护;

(3)接地故障保护。

当低压配电系统采用TN接地系统时,若短路瞬时保护满足灵敏度要求,可用短路瞬时保护兼作接地故障保护使用,而不用单独设置接地故障保护。若配电线路较长,接地故障电流较小,一般短路保护难以满足接地故障保护的灵敏度要求时,可以采用零序电流保护或漏电保护,实现接地故障保护功能。

以某地铁400V系统为例说明低压系统保护配置方案,如表6-1所示。

400V低压系统保护配置方案　　表6-1

序　号	回路及调度号	保　护　类　型
1	进线 401、402	长延时过负荷保护
		短路短延时保护
		短路瞬时保护(可关闭)
2	母线分段开关 445	长延时过负荷保护
		短路短延时保护
		短路瞬时保护(可关闭)
3	馈出保护	长延时过负荷保护
		短路瞬时保护
		接地故障保护

单元6.2 低压系统电气系统联锁与闭锁

以某地铁400V系统为例进行说明低压系统电气联锁与闭锁。

降压变电所设置两台配电变压器,变压器容量满足本站和相邻半个区间低压负荷用电需要。正常运行时,两台10/0.4kV配电变压器分列运行,负责向供电范围内的全部负荷供电,母线分段断路器处于分闸位置,每段母线分别由不同的配电变压器供电。变压器负荷率约为70%。当一台10/0.4kV配电变压器退出运行时,根据负荷情况可自动或手动切除三级负荷,相应进线开关失压跳闸后,母线分段断路器投入,恢复向该变电所一、二级负荷供电。当进线电源恢复时,母线分段断路器分闸,进线开关合闸,恢复正常供电方式。

一、400V进线开关与母联开关联锁、闭锁关系(图6-2)

(1)1号进线断路器401及2号进线断路器402与母联断路器445之间,设有"三选二"联锁,即同时只允许两个开关处在合闸位置,另一个开关在分闸位置。

(2)1号进线开关、2号进线开关、母联开关"三选二"的逻辑图。

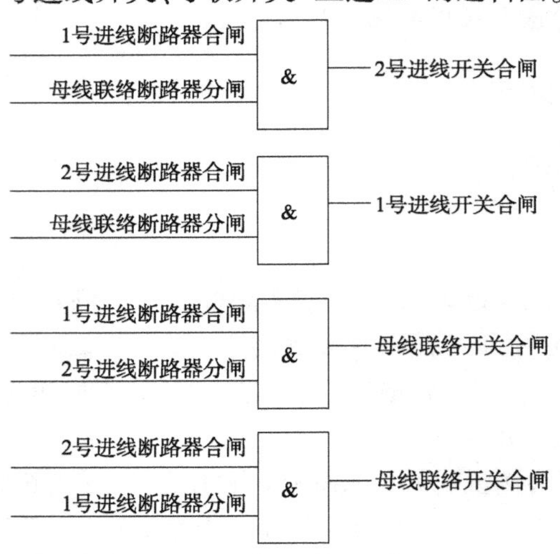

图6-2 400V进线开关与母联开关联锁、闭锁关系

二、400V进线开关联锁、闭锁关系

400V进线开关联锁、闭锁关系是指动力变压器次边的1号进线断路器401或2号进线断路器402失压后,与母联开关445进行倒闸的模式。这种模式的转换用两个转换开关,一个转换开关选择"就地/远方",另一个转换开关选择"投母联、复进线"的转换方式。

"投母联、复进线"转换开关有四种模式:手投手复、手投自复、自投手复、自投自复。

远方操作只能选择自投自复模式,就地操作可选择:手投手复、手投自复、自投手复、自投自复四种模式。

模式中的"投"是指进线失电后母联开关是自动还是手动投入;"复"是指进线来电后将母联断开,进线开关复归至合闸位置是自动还是手动。

线路正常运行状态：401、402 合闸，445 分闸，三级负荷全部合闸、低压两路进线电压正常。

400V 进线断路器、母线联络断路器、应急断路器接线图如图 6-3 所示。

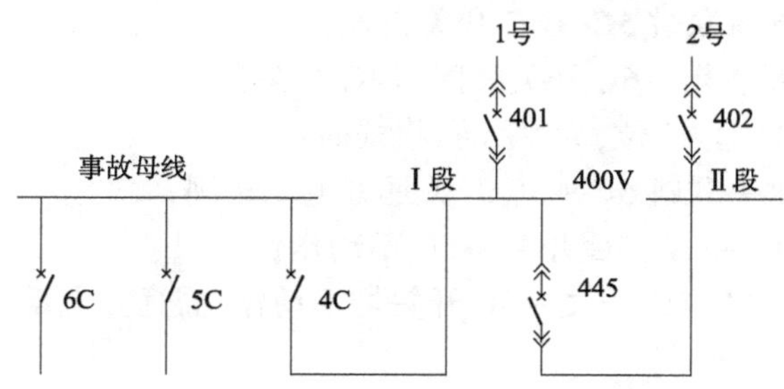

图 6-3　400V 进线断路器、母线联络断路器、应急断路器接线图

1. 就地/手投手复模式

(1)1 号(或 2 号)进线失电后：401(或 402)自动分闸→为减轻负荷，三级负荷分闸手动(也可自动)切除三级负荷，445 手动合闸。

(2)1 号(或 2 号)进线电压恢复正常后：445 手动分闸→401(或 402)手动合闸→三级负荷全部手动合闸。

2. 就地/手投自复模式

(1)1 号(2 号)进线失电后：401(402)自动分闸→445 手动合闸。

(2)1 号(2 号)进线电压恢复正常后：445 自动分闸→401(402)自动合闸。

3. 就地/自投手复模式

(1)1 号(2 号)进线失电：401(402)自动分闸→445 自动合闸。

(2)1 号(2 号)进线电压恢复正常：手动分闸 445→手动合闸 401(402)。

4. 就地/自投自复模式

(1)1 号(2 号)进线失电：401(402)自动分闸→445 自动合闸。

(2)1 号(2 号)进线电压恢复正常：445 自动分闸→401 自动合闸。

5. 远方/自投自复模式

(1)1 号(2 号)进线失电：401(402)自动分闸→445 自动合闸。

(2)1 号(2 号)进线电压恢复正常：445 自动分闸→401(402)自动合闸。

三、4C、5C、6C 应急事故柜控制逻辑

空气断路器 4C、5C、6C 接于事故母线，正常运行状态：本站 6C 与相邻站的 5C 连接，处于断开位置，4C、5C 闭合，事故母线接于本站 400V 电源(参看图 6-3)；当本站全所停电时，4C、5C 断开，6C 闭合，事故母线通过相邻站的 5C 获得 400V 电源。

4C、5C、6C 转换开关有“就地”、“远方”两个位置，它们的倒闸逻辑关系如下：

(1)4C、5C、6C 转换开关在“就地”位置时有三种状态：

①4C 开关失压跳闸→联跳 5C→6C 开关手动投入；

②手动分闸 4C→联跳 5C 开关→6C 不动作；

③手动分 5C 开关、4C 开关→6C 开关均不动作，需手动操作 6C。

(2)4C、5C、6C 转换开关在“远方”位置时有“自动、手动”两种模式。

①当转换开关打到“远方”位为“自动”模式时：

a. 4C 开关失压跳闸→联跳 5C→6C 开关自投；

b. 4C 开关上级电源恢复→6C 开关跳闸→4C 开关自投。

②当转换开关打到“远方”位，为“手动”模式时：

a. 4C 开关失压跳闸→联跳 5C→6C 开关远方电动合闸；

b. 远方手动分闸 4C→联跳 5C 开关→6C 不动作；

c. 远方手动分 5C 开关、4C 开关→6C 开关均不动作，需远方电动操作 6C。

复习与思考

1. 400V 进线开关联锁、闭锁关系是指什么？

2. “手投手复、手投自复、自投手复、自投自复”中的“投”与“复”指什么？

单元7 二次回路基础知识

【知识目标】

1. 掌握二次回路的基本概念及任务。
2. 掌握二次回路图的读图方法。
3. 了解二次回路的分类。

【能力目标】

能够运用科学的读图方法正确识读二次回路图。

【素质目标】

培养读图能力、自我学习能力和安全意识。

单元7.1 二次回路的基本概念

在电力牵引供变电系统中,各种电气设备根据其用途不同,通常分为一次设备和二次设备两大类。一次设备是指直接参与电能的生产和输送的电气设备,如发电机、变压器、电力电缆、输电线、断路器、隔离开关、避雷器等。由这些设备连接在一起构成的电路,称为一次接线或主接线。二次设备是指对一次设备的工作状态进行控制、保护、监视和测量的辅助设备,一般都是小容量、低电压的设备,包括测量仪表、控制和信号器具、继电保护装置、自动远动装置、操作电源、控制电缆及熔断器等。二次设备通过电压互感器和电流互感器与一次设备取得联系。

一、二次回路的基本任务

二次设备按一定顺序相互连接而成的电路称为二次回路,也称为二次接线。二次回路只描述二次电气设备的外部接线和接线原理。

二次回路是供变电系统电气接线的重要组成部分,它附属于一定的一次回路或一次设备,是对一次设备进行控制操作、测量监察和保护的有效手段,是电力系统安全生产、经济运行、可靠供电的重要保障。

二次回路的基本任务是:通过各种仪表,反映一次设备的工作状况,控制一次电路的接通或断开;当一次设备发生故障时,能将故障部分迅速退出工作,以保持电力系统处在最佳运行状态。

想一想 一、二次设备之间为何要进行电气隔离？是如何做到的？

二、二次回路的分类

二次回路按电流性质可分为：直流回路和交流回路。按工作性质可分为：监视测量回路、控制回路、调节回路、信号回路、继电保护和自动装置、自动和远动化装置以及操作电源系统等几个部分。

1. 监视、测量回路

主要由各种显示仪表、测量元件及其相关回路组成，其作用是监视、测量一次设备的工作状态，以便运行人员掌握一次设备运行情况，为运行管理、事故分析提供参数。

2. 控制回路

主要由控制开关、相应的控制继电器组成，其作用是对一次高压开关设备进行合、分闸操作。控制回路按自动化程度可分为手动控制和自动控制两种；按控制距离可分为就地控制和距离控制两种；按控制方式可分为分散控制和集中控制两种，分散控制均为“一对一”控制，集中控制有“一对一”控制和“一对 N”的选线控制；按操作电源性质可分为直流操作和交流操作两种；按操作电源电压和电流的大小可分为强电控制和弱电控制两种，强电控制采用较高电压（直流 110V 或 220V）和较大电流（交流 5A），弱电控制采用较低电压（直流 60V 以下，交流 50V 以下）和较小电流（交流 0.5 ~ 1A）。

3. 调节回路

调节回路是指调节型自动装置，主要由测量机构、传送机构、调节器和执行机构组成。其作用是根据一次设备运行参数的变化，实时在线调节一次设备的工作状态，以满足运行要求。

4. 信号回路

主要由开关设备的位置信号、继电保护和自动装置的动作信号和中央信号三部分组成。其主要作用是反映一次设备和二次设备的工作状态。信号回路按信号性质可分为事故信号、预告信号、指挥信号和位置信号四种；按信号显示方式分为灯光信号和音响信号两种；按信号复归方式分为手动复归和自动复归两种。

5. 继电保护与自动装置

主要由继电保护、自动装置和相应的辅助元件组成，其作用是：自动判别一次设备的工作状态；在事故和不正常运行状态时，继电保护装置能够自动跳开断路器（切除故障）和消除不良状态并发出报警信号；当事故或不正常运行状态消失后，快速投入断路器，恢复系统正常运行，缩短停电时间。

6. 远动装置电路

远动技术即调度所与各被控端（包括变电所）之间实现遥控、遥测、遥信和遥调技术的总称。远动化的主要任务是集中监视，集中控制，实现无人化或少人化，提高运行操作质量，改善运行人员的劳动条件。

7. 操作电源系统

主要由电源设备和供电网络组成，它包括直流电源和交流电源系统，其作用是供给上述各回路工作电源。

二次回路各部分之间的关系如图 7-1 所示。

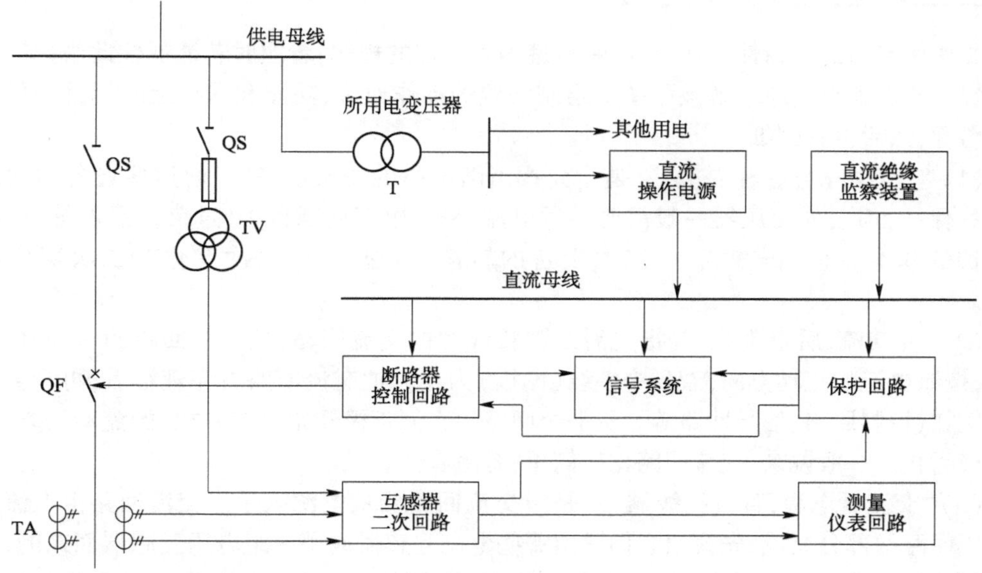

图 7-1　二次回路方框图

单元 7.2　二次回路图

一、二次回路图的基本概念

描述二次回路的图纸称为二次接线图或二次回路图。一般而言，传统的二次回路图包括归总式原理接线图、展开式原理图和安装接线图三种类型。

1. 归总式原理接线图

简称原理图，是以整体的形式表示各二次设备之间的电气连接及其工作原理的接线图，一般与一次接线中有关部分画在一起。

2. 展开式原理接线图

简称展开图，是在归总式原理接线图的基础上，将整体形式的二次电路按其供电电源的性质不同，分解成交流电压、交流电流和直流回路等相对独立的部分，组成多个独立回路，以分散的形式表示二次设备之间的电气连接。它是制造、安装、运行的重要技术图纸，也是绘制安装接线图的主要依据。

3. 安装接线图

安装接线图是制造厂或施工单位根据展开式原理图绘制的配电盘布置及接线的实际安装图。一般分为：盘面布置图、端子排图和盘后接线图。在安装接线图中，各种仪表、继电器、成套装置、开关、电阻等二次设备以及连接导线和端子排，都是按照它们的实际图形、安装位置和连接关系绘制的。它反映了二次电路的实际接线情况。为了便于安装接线和运行中检查，所有设备的端子和连接导线都加上走向标志。

二、二次回路图的读图方法

二次回路图的逻辑性很强，在绘制时遵循着一定的规律，看图时若能抓住此规律就很容易看懂。阅图前首先应了解该张图所绘制装置的动作原理、功能和图纸上所标符号代表的设备名称，然后再看图纸。

(1)"先看一次，后看二次"。是指先找出图纸中的一次设备，了解这些设备的功能及常用的保护方式，如变压器一般需要装过电流保护、电流速断保护、过负荷保护等，掌握各种保护的基本原理；再查找一、二次设备的转换、传递元件，一次变化对二次变化的影响等。

(2)"先交流、后直流"。是指先看二次接线图的交流回路，从一个回路的A、B、C三相开始，按照电流的流动方向，看到中性线(N极)为止。把交流回路看完理解后，再看直流回路。例如：控制回路、信号回路等。从一个回路的直流正极开始，按照电流的流动的方向，看到负极为止。一般说来，交流回路比较简单，容易看懂。

(3)"交流看电源，直流找线圈"。是指交流回路要从电源入手。交流回路由电流回路和电压回路两部分组成，先找出它们是由哪些电流互感器或哪一组电压互感器而来的，在这两种互感器中传递的电流或电压量起什么作用，与直流回路有什么关系，这些电气量是由哪些继电器反映出来的，它们的符号是什么；然后再找与其相应的接点回路。

(4)"见接点找线圈，见线圈找接点"。见到接点就要找到控制该接点的继电器或接触器的线圈位置。见线圈要找出它的所有接点，以便找出该继电器控制的所有接点(对象)。

(5)"先上后下，先左后右，屏外设备一个都不漏"。主要是针对端子排图和屏后安装图而言。看端子排图一定要配合展开图来看。

下面以某10kV线路的限时电流速断保护为例，对归总式原理接线图和展开式原理图的读图方法做具体说明。

1. 归总式原理接线图

参见图3-3所示限时电流速断保护原理接线图，从图中可知，该保护装置由电流继电器KA、时间继电器KT、信号继电器KS和中间继电器KM组成。当线路发生短路故障时，其动作如下：

若故障点在限时速断保护范围内，电流互感器TA的二次反映出短路电流，使电流继电器KA启动，其常开接点闭合，将直流电源加在时间继电器KT的线圈上，使KT启动，经过一定延时，其常开接点闭合，将直流电源经KS线圈加在KM的线圈上，使KM启动，其常开接点闭合，将直流电源加在断路器QF的跳闸线圈上，跳开断路器，切除故障；同时，信号继电器KS的常开接点闭合，接通信号回路，给值班人员发出报警信号。

2. 展开式原理接线图

如图7-2所示，是限时电流速断保护的展开式原理接线图。它主要用来说明二次接线的动作原理，便于读者理解整个装置的动作程序和工作原理。

读图方法：分回路阅读。

(1)交流电流回路：交流电流回路的电源是电流互感器的二次电流，交流电流回路是按

A、B、C、N 从上到下依次排列，对于本原理图，只画出了三相中的一相。当电流继电器的线圈通过大于其整定值的电流时，电流继电器启动，保护装置动作。

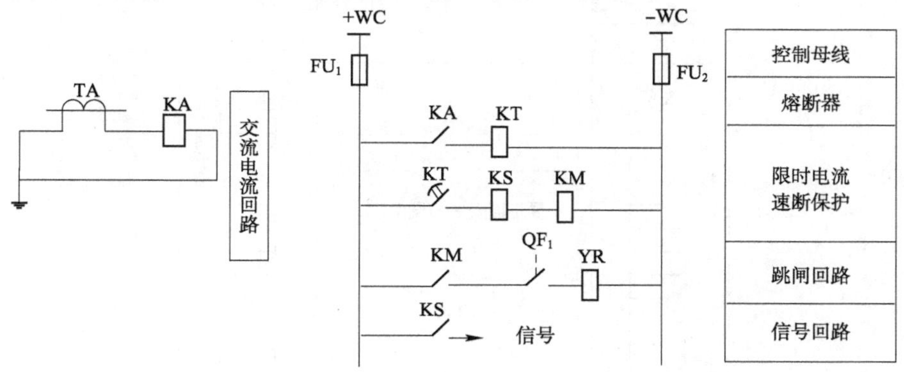

图 7-2　限时电流速断保护展开式原理接线图

(2)直流回路：直流回路的电源是变电所的直流操作电源"±WC"，图 7-2 中直流回路的动作顺序是：

当"+WC"→KA 常开接点→KT 线圈"-WC"，回路导通时，该回路中的时间继电器线圈得电，启动时间继电器 KT，常开接点延时闭合；

"+WC"→KT 常开延时接点→KS 线圈→QF 断路器辅助常开接点→YR 断路器的跳闸线圈→"-WC"，断路器的跳闸线圈 YR 得电，断路器跳闸；

信号继电器 KS 接点闭合，发出信号。

3. 安装接线图

(1)盘面布置图。根据配电盘及二次设备的尺寸，按一定比例绘制而成的盘面设备布置图，称为盘面布置图。它表示了配电盘正面各安装单位二次设备的实际安装位置，是正视图，并附有设备明细表，列出了盘中个设备的名称、型号、技术数据及数量等，以便制造厂备料和安装加工。如图 7-3 所示为某主变保护测控盘的盘面布置图。

(2)盘后接线图。盘后接线图是表明屏内各设备之间的连接情况以及和端子排的连接情况；标明各设备的代号、安装单位和型号规格，较复杂的设备应绘出设备内部接线图。如图 7-4 所示为某设备盘后接线图。

(3)端子排图。端子排图是表明屏内设备和屏外设备连接关系以及屏上需要装设的端子类型、数目以及排列顺序的图。如图 7-5 为某端子排图。从图中可以看出端子的连接关系和去向。

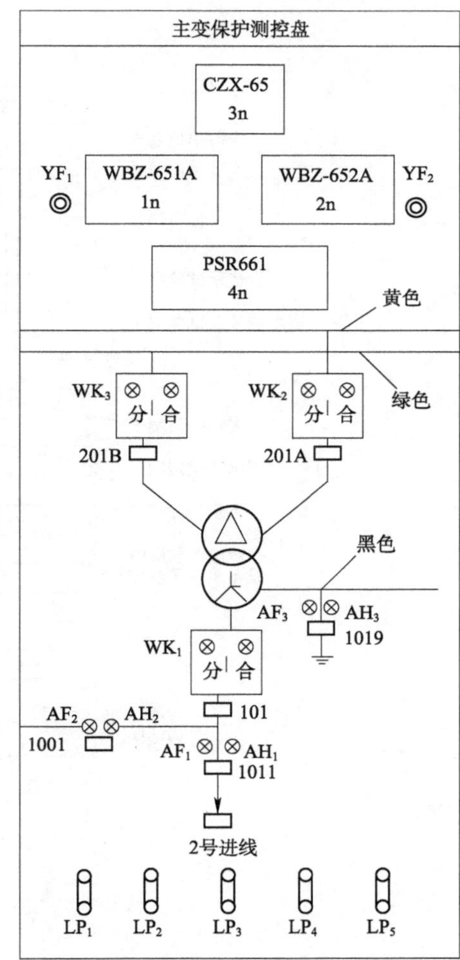

图 7-3　盘面布置图

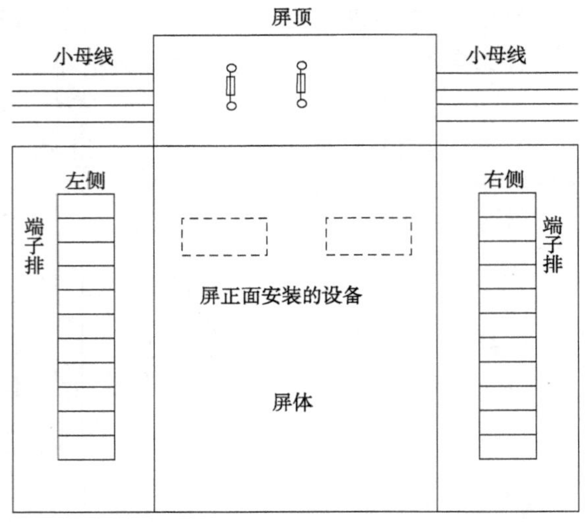

图 7-4　盘后接线图

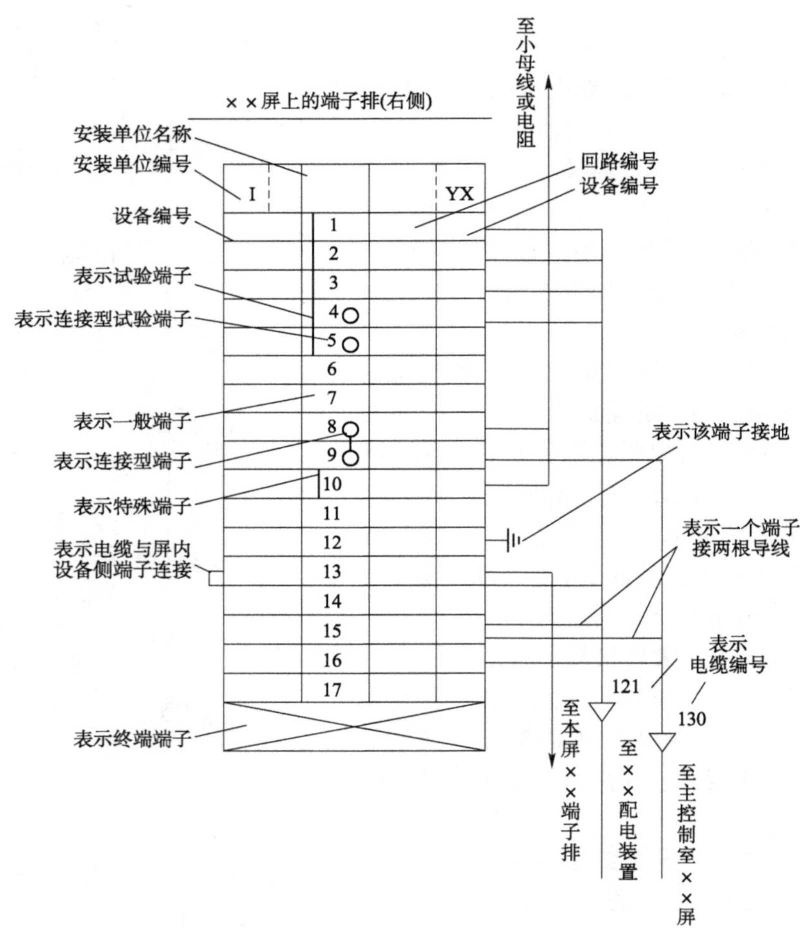

图 7-5　端子排图

复习与思考

1. 地铁变电站中有哪些一、二次设备？
2. 二次回路的基本任务是什么？
3. 仔细分析图7-6，试说明具体的保护动作过程。

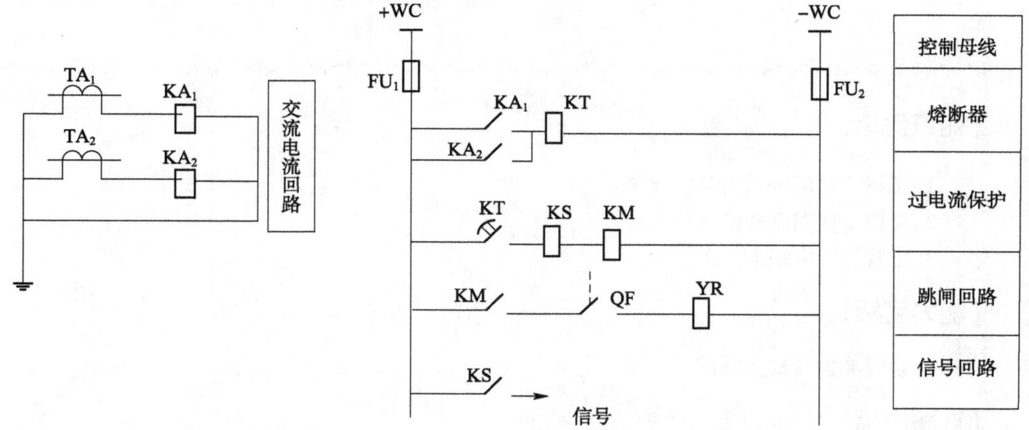

图7-6　不完全星形接线的定时限过流保护原理展开图

单元8　城市轨道交通变电站的典型二次回路图

【知识目标】

1. 了解二次回路图的读图方法。
2. 掌握二次回路图的读图方法。
3. 了解二次回路的分类。

【能力目标】

能识读典型二次回路图。

【素质目标】

培养读图能力、勤于思考和认真细致的工作态度。

单元8.1　二次回路图的读图方法

为保证一次设备安全、可靠的供电，在线路发生故障时，开关柜中的断路器必须能够自动跳闸、切除故障同时发出信号。断路器之所以能自动跳闸是因为每一台断路器都配有一套完善的采样、监视、保护系统和相应的控制、信号回路，把这些采样、监视、保护、控制、信号回路按一定的原理和逻辑关系连接起来的电路称为二次电路。

由于近年来城市轨道交通行业的快速发展，新增用了多条地铁线路。在发展改建过程中，由于招标厂家的不同，其图纸也各有千秋。ABB公司图纸的特点是，其每台开关柜都配有一套完整的图纸。用横坐标和纵坐标来表示设备在电气接线图中的位置，在横坐标的下方，标注有垂直于本坐标下方相应为电路的功能。而西门子公司的图纸则具有以下特点：内容全面但分类复杂、逻辑清晰但图纸冗长。

图纸不同，使用的读图方法也不同，要结合实际线路和设备进行分析。一般而言，无论是哪种读图方法，都不外乎以下几个步骤。

一、收集图纸

每一台开关柜都有一套完整的图册，图册中包含柜体排列图、原理图、端子排图、设备清单、逻辑图等。识图之前首先要找到想要阅读的相应开关柜图册。

(1)根据开关柜代号、图纸分类代号查找图册。一般一个变电所只有一张柜体排列图，所有的开关柜的排列都在一张图中，逻辑图也只有一份，所有开关的联锁、闭锁、动作逻辑都在这张图中。（逻辑图可参见本书单元 4.2、单元 5.4 及单元 6.2 中的相关内容）

（2）了解图纸标题栏中各符号的意义。

二、熟悉图纸中各图形符号和文字符号的意义

对图纸中的各种图形符号和文字符号应非常熟悉，并且对这些符号所表示的元器件的作用及功能应了如指掌。

三、了解各电路的功能

了解每一页图纸的性质及功能，例如：第一页图纸是主接线，主接线反映了什么，各进、出线的作用是什么。第二页图纸是二次电源线，二次接线反映了什么，作用是什么，二次电源线与二次接线的关系等。

四、理清联锁闭锁关系

理清各断路器和隔离开关之间的联锁闭锁关系。

五、分析整体电路

（1）找出需要看的原理图。

（2）了解设备工作的原始状态。

例：分析断路器分闸回路工作原理。

①明确主接线中断路器主接点和辅助接点的状态。

②明确辅助常开接点、常闭接点接通和断开的电路。

③观察电路中是否还有其他元件带电。

寻找方法是，先找线圈，再找此线圈对应的接点，哪些断开，哪些闭合，闭合的接点又接通哪些电路。

（3）从发出动作的指令开始，找出首先动作的元件线圈、接点，再根据此元件动作后带来的各接点的转换，一条一条梳理出结果。

单元 8.2　ABB 图纸说明

某变电站采用 ABB 公司生产的开关柜，配备的是和利时公司生产的 HSPM 型保护装置，各装置用途如下：

HSPM001：数字式综合保护测控装置，安装在馈线开关柜、进线开关柜、母联开关柜。

HSPM002：备自投装置，安装在母联隔离柜上。

HSPM004：集线器，安装在母联柜上和隔离柜上，其作用是将所有开关柜的信号线，集中起来送往上位机。

HSPM007：变压器保护装置，安装在配电变压器、牵引变压器开关柜。

一、ABB 图纸分类

每一台开关柜都有一套完整的图纸,每一类图纸都有自己的代号,图纸的功能及代号如表 8-1 所示。

图 纸 分 类　　表 8-1

图纸类别	说　明	英文名字	代号
柜体排列图	柜体排列图表明: 1. 各开关柜的排列位置和顺序; 2. 开关柜的主接线; 3. 各一次设备的参数	Switchgear Overall General Arrangement	A
原理图	原理图分为:一次回路接线图,二次回路接线图。 1. 一次回路接线图:表示一次电气设备之间的连接关系和连接顺序(参与接受、变换、分配电能的设备为一次电气设备)。 2. 二次回路接线图:表示二次电气设备之间的连接关系和连接顺序(对一次设备进行监视、测量、控制、保护的设备为二次电气设备)	Schematic Diagrams	S
端子排图	为让接线整齐、规范、查找故障方便,开关柜内之间有些设备的连接、柜与柜之间的连接,都要经过端子排,端子排图表明了这些端子的连接关系及去向	Terminal Diagrams	T
设备清单	提供设备数量及参数	Equipment Schedule	E
逻辑图	逻辑图表明了各开关之间的联锁、闭锁关系	Logic Diagrams	L

二、开关柜分类

变电所中压开关柜有进线柜、隔离柜、馈线柜、母联柜、母线提升柜、专用计量柜、PT 柜七种类型,它们的功能及开关柜类型代号如表 8-2 所示。

开 关 柜 分 类　　表 8-2

开关柜种类	说　明	英文名称	代　号
进线柜	将电源电压引至母线	Incoming Cabinet	I
进线隔离柜	检修时可将进线电源与变电所隔离	Disconnection Cabinet	D
馈线柜	将母线电压提供给下一级电气设备	Feeder Cabinet	F
母联柜	将两段母线连接起来	Busbar Cabinet	B
母线隔离柜	将母联开关下口提升至上排母线,并使两段母线有一个明显的间断点	Isolating Busbar Cabinet	R
专用计量柜	用于计量	Metering Cabinet	M
PT 柜	电压互感器柜	P. T. Cabinet	P

三、图纸标题栏说明

每一张图右下角都有一个标题栏，标题栏的内容如图 8-1 所示。

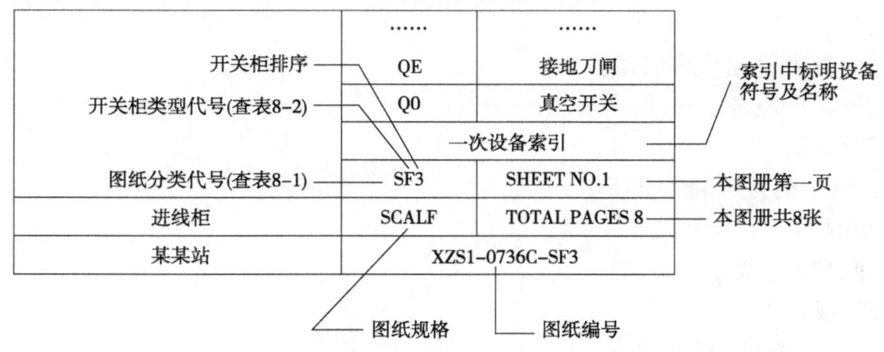

图 8-1　图纸标题栏说明

注："SF3"中"S"表示原理图，见表 8-1 图纸分类中的代号；"F"表示馈线柜，见表 8-2 开关柜类型代号。

例：SI 表示进线柜原理图；SD 表示进线隔离柜原理图；TI 表示进线柜端子排图；TD 表示进线隔离柜端子排图等，都可在表 8-1、表 8-2 中查到。

四、常用元件符号表示方法

1. 线形

(1)细实线 ——：表示二次元器件之间的连接线及元件的内部接线。

(2)细实线框□：表示框内设备为同一元器件，并且属于本柜的元件。

(3)粗实线——：表示一次回路电气元器件及一次接线。

(4)虚线框┌┄┐：表示由用户提供的元器件(非开关柜设备)。

(5)粗点划线框┌·┐：表示非本柜内的元器件(其他开关柜设备)。

2. 连接线标注

(1)图纸上方横坐标的下面标注栏的文字是用来说明其垂直区域内回路的功能。

(2)图纸中不同页间的连接线，以符号(SM30+/4.3A)表示，横线上方的字符表示回路(或设备)代号，横线下方的字符表示连接的页码及区域。

例：(SM30+/4.3A)上方的"SM30 +"表示二次电源" +"极第 30 号空气开关；下方的"4. 3A"表示第 4 页，横坐标为 3，纵坐标为 A 的区域。

练一练 (SM30+/3.8A)表示什么？

(3)连线编号(线号)。

例：34A1 表示此连线在第三页的横坐标为 4、纵坐标为 A 的区域内，其系列号为 1。

3. 端子排编号原则

X1：直流辅助电源小母线(供控制和保护用)；

X2：备用；

X3：控制、保护回路；

X4:电流互感器二次回路;

X5:提供给客户的信号回路;

X6:电压互感器二次回路;

X7:备用;

X8:变送器的输出信号回路;

X9:交流辅助电源小母线。

4. 端子排图

端子排图中的符号表示如下:

(:测试短接片;

△ :柜间控制电缆;

× :分隔板;

☆:柜间小母线(随柜提供);

⁞:短接排。

5. 继电器功能编号表(表8-3)

继电器功能编号表 表8-3

编　号	功　能	编　号	功　能
27	低电压继电器	74	报警继电器
50	电流速断继电器	78	失步保护继电器
51	过电流继电器	79	自动重合闸继电器
51N	接地过电流继电器	86	自保持出口继电器
64	接地检测继电器	87	差动保护继电器
67	方向过电流继电器		

由于HSPM保护装置是一个成套的微机保护装置,所以上述的继电器不是单独存在,它们都是保护装置中的一个元件,例:“50”表示HSPM保护装置中的电流速断保护。

6. 元件符号

原理图中符号如表8-4所示,说明如下:

符 号 说 明 表8-4

元件名称	文字符号	图 形 符 号	元件名称	文字符号	图 形 符 号
选择开关	S301	1 3 5 7 分闸 正常 合闸 2 4 6 8	合环选跳开关	S305	1 3 5 7 跳201 跳202 跳245 退出 2 4 6 8
电容性电压指示器	SQ		指示器	HLQ/HLT/HLE	
加热器	EH		断路器	Q0	
微型空气开关	SM		按钮	SB	
隔离开关	QS		接地刀闸	QE	

续上表

元件名称	文字符号	图形符号	元件名称	文字符号	图形符号
避雷器	F		接地刀闸	QE	
电流互感器	TA(CT)		常闭接点		
熔断器	FU		连接片	XB(旧符号 LP)	
母线电压互感器	TV(PT)		进线电压互感器	TV(PT)	

1)电流互感器

表中,有电流互感器两种接线形式。一种是具有一个铁芯、一个次级线圈的电流互感器;另一种是两个铁芯、两个次级线圈的电流互感器。

2)电压互感器

表中,有电压互感器两种接线形式。一种是三相五柱式接线,次边为 Y 接的绕组可以测量相电压、线电压,次边为开口三角形的辅助绕组,可以监测线路是否有接地,用于绝缘监察;另一种是两相 V/V 接线,可以测量线电压。

3)S301 选择开关

可用于控制开关柜中断路器的分、合闸。三条虚线表示 S301 有三个位置,"分闸"、"正常"、"合闸"。虚线上下对应的小圈为一对接点,中间的黑点表示选择开关在此位置接通。例如:接点 3－4 只在合闸位置接通,接点 1－2 只在分闸位置通,选择开关在正常位置时,两对接点都不接通。无论合闸还是分闸,手松开后 S301 都会自动回到正常位置。

4)合环选跳开关 S305

只用于电源站的母联柜合环选跳,它有四个位置,其符号的表示意义与 S301 相同,其示意图请参见图 4-1。

下面以地铁某线路某站动力变压器开关柜图册为例进行典型二次回路图的识读。

单元 8.3　一次接线图

如图 8-2 所示,是图册的第一页(SHEET No. 1),是本开关柜的主接线。图中的 Q_0 控制着动力变压器 10kV 进线,它反映了本开关柜中所有一次设备的连接方式以及电流互感器二次接线的去向,并显示了开关柜盘面上的信号灯及转换开关。

一、图形符号说明

(1)Ⓜ:弹簧操作机构储能电机,交、直流两用。

(2)[P]:蜗卷弹簧操作机构。

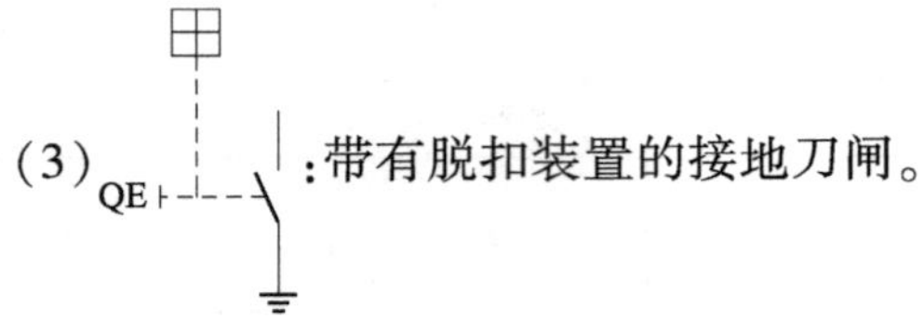

(3):带有脱扣装置的接地刀闸。

它与断路器小车的联锁关系是:

①无论开关手车在什么位置,电缆室门未合,接地刀无法分合操作。只有开关手车在柜外或在试验位且电缆室门关闭,才能进行接地操作。

②开关手车在工作位,接地刀无法操作。

③接地刀闸与地断开后,断路器才能推入工作位。

④开关手车完全在试验位或工作位时,才能进行合闸。

⑤开关手车在工作位时,二次插头被锁定,不能拔插。

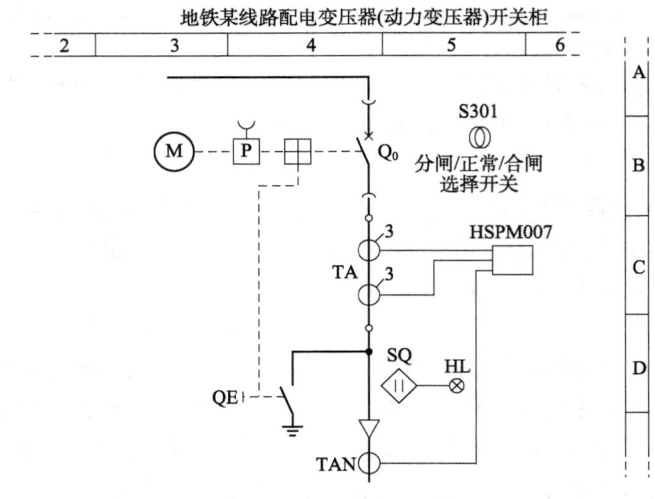

图 8-2 主接线图

(4)Y:可手动进行储能(有些主接线中没有此符号,但开关仍具有手动储能功能)。

(5)M----P--⊞---Q0:可以电动储能使断路器合闸;也可手动储能使断路器合闸;分闸不用储能可直接手动或电动分闸。

想一想 在什么情况下断路器可推入工作位?在什么情况下开关柜接地刀可以接地?

二、文字符号说明

S301

闭锁钥匙

分闸/正常/合闸
选择开关

图 8-3 S301 选择开关

(1)S301 选择开关:用于控制开关柜中断路器的分、合闸。

此开关下面有一把闭锁钥匙,如图 8-3 所示。钥匙为横位时将选择开关闭锁,不能进行操作;钥匙为竖位时解锁,可以通过 S301 对断路器进行分、合闸操作。

(2)HSPM007:变压器保护装置,用于配电变压器、牵引变压器开关柜。

(3)图纸横坐标用 8 位数字表示;纵坐标用 A、B、C、D、E、F 表示。

(4)Q_0:断路器,有多对辅助接点,断路器主接点闭合时,辅助常开接点闭合,常闭接点断开,断路器主接点断开时,辅助常开接点断开,常闭接点闭合。

(5)SQ:电容分压装置,接于 10kV 电缆头处,作用是将一次高电压降低后引至开关柜门上的带电显示器 HL。

(6)HL:带电显示器指示灯,它与 SQ 共同组成带电显示装置,用于线路有压监视。当高压开关带电时,用手按下上面的按钮,灯闪,说明开关带有 10kV 电;不闪说明高压开关不带电。

(7)TA:电流互感器,有两个二次线圈分别接入 HSPM007 保护装置的电流采样和计量电流回路。

(8)TAN:零序电流互感器,接入 HSPM007 保护装置,用来反映接地故障的零序电流。

单元 8.4　二次电源回路图

图 8-4 是图册的第二页(SHEET No. 2),是二次回路的总电源电路,其主要任务是通过小空气开关 SM10、SM30、SM20 分别给合闸弹簧储能电机、控制保护回路、信号回路、加热器提供电源。图中 $X_{9\,2}$、$X_{9\,5}$端子接交流电源。

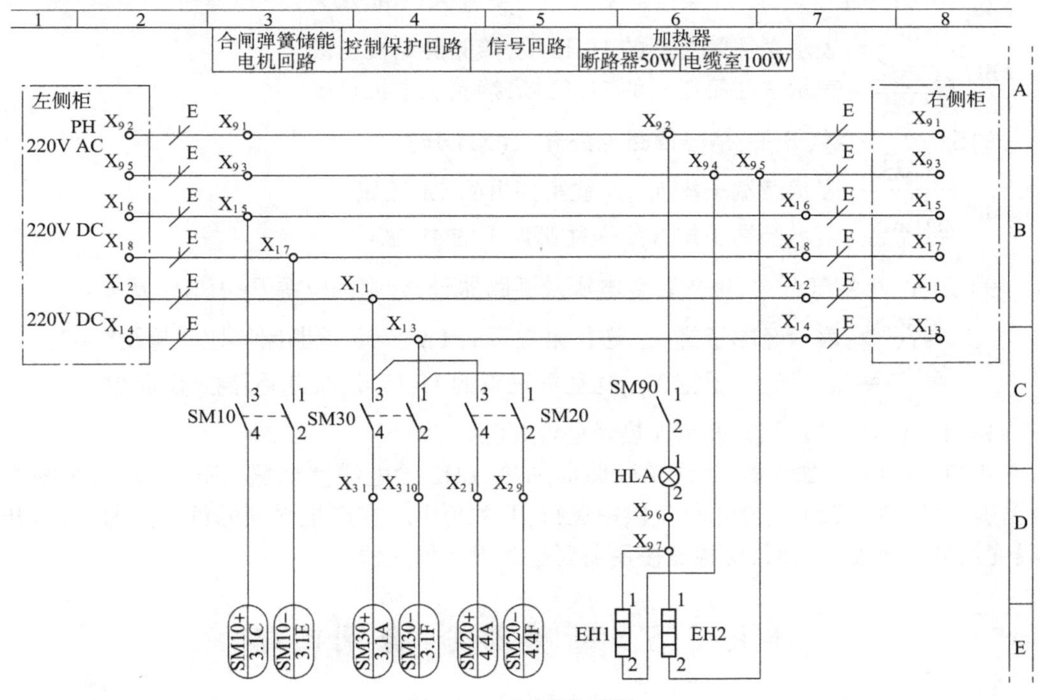

图 8-4　二次电源回路图

符号说明:

(1)图 8-4 中 1 ~ 8 的 A、B、C 区域表示了本柜小母线与相邻小母线的连接关系。

在 1A ~ 1C 区域及 8A ~ 8C 区域内点划线框内的设备不属于本柜设备,1A ~ 1C 区域点划线框内,表示来至左侧柜,X8A ~ 8C 区域点画线框内,表示来至右侧柜。在符号之间的细实线，是本柜内的二次电源小母线，在开关柜上门中的端子排上，每个 10kV 开关柜中均有这样的三组电源小母线。

(2) $X_{9\,2}$：表示 9 号端子排的第 2 号端子，在实际设备的端子排上用 X_{902} 表示，左侧柜的 X_{902} 端子连接本柜的 X_{901} 端子；本柜的 X_{902} 端子连接右侧柜的 X_{901} 端子。

(3) $X_{1\,5}$：表示 1 号端子排的第 5 号端子，在端子排上用 X_{105} 表示。左侧柜的 X_{106} 与本柜 X_{105} 端子连接，右侧柜 X_{105} 与本柜 X_{106} 连接。其他端子连接方法类似，不再赘述。

(4) E----------E 在此符号之间的部分都是一个柜内的设备。

(5) 横坐标下方标有垂直于本坐标各电路的功能。

①垂直于横坐标 3 下面标注的是合闸弹簧储能电机，说明在 3B 区域中，由 $X_{1\,5}$-$X_{1\,7}$ 端子提供给合闸弹簧储能电机直流 220V 电源。

②坐标 4 下面是控制、保护回路；坐标 5 下面是信号回路，它们都由 $X_{1\,1}$-$X_{1\,3}$ 端子提供直流 220V 电源。

③坐标 6 下面分别是断路器和电缆室的加热器，由 $X_{9\,2}$-$X_{9\,4}$-$X_{9\,5}$ 提供交流 220V 控制电源。

(6) SM90：小空气开关，加热器电源开关。

(7) SM10：小空气开关，弹簧储能电机的电源开关（HM 开关）。

SM10 (SM10+ / 3.1C)：表示送往第三页的 1C 区域，接储能电机正极。

SM10 (SM10− / 3.1E)：表示送往第三页的 1E 区域，接储能电机负极。

(8) SM20：小空气开关，信号回路电源开关（XM 开关）。

SM20 (SM20+ / 4.4A)：表示经端子排 $X_{2\,2}$ 送往第四页的 4A 区域。

SM20 (SM20− / 4.4F)：表示经端子排 $X_{2\,12}$ 送往第四页的 4F 区域。

(9) SM30：小空气开关，保护装置电源及断路器分、合闸的电源开关（KM 开关）。

SM30 (SM30+ / 3.1A)：表示经端子排 $X_{3\,2}$ 送往第三页的 1A 区域，接断路器控制母线“+”。

SM30 (SM30− / 3.1F)：表示经端子排 $X_{3\,12}$ 送往第三页的 1F 区域，接断路器控制母线“−”。

(10) HLA：电流指示器，显示加热器是否有电。

(11) EH1、EH2：加热器，EH1 给断路器加热、EH2 给电缆室加热，我国许多地区湿度较高，温度较低、变化较大。在这种气候中运行，开关柜里就有产生水滴的危险。因此，当开关柜温度过低或湿度较高时，应根据使用需要适时投入加热器。

单元 8.5　断路器分、合闸回路

图 8-5 是图册的第三页（SHEET No. 3），是断路器分、合闸回路的原理接线图，描述的是断路器手动分、合闸和保护跳闸，分、合闸回路的位置信号及分闸回路监视信号。标有 Q_0 的四个细实线框图为断路器内部接线图，标有 HSPM007 的两个细实线框图是变压器保护装置。若断路器因电路的问题拒动或不能正确显示信号，首先应在此图中分析事故原因，再到相应的设备上去查找。

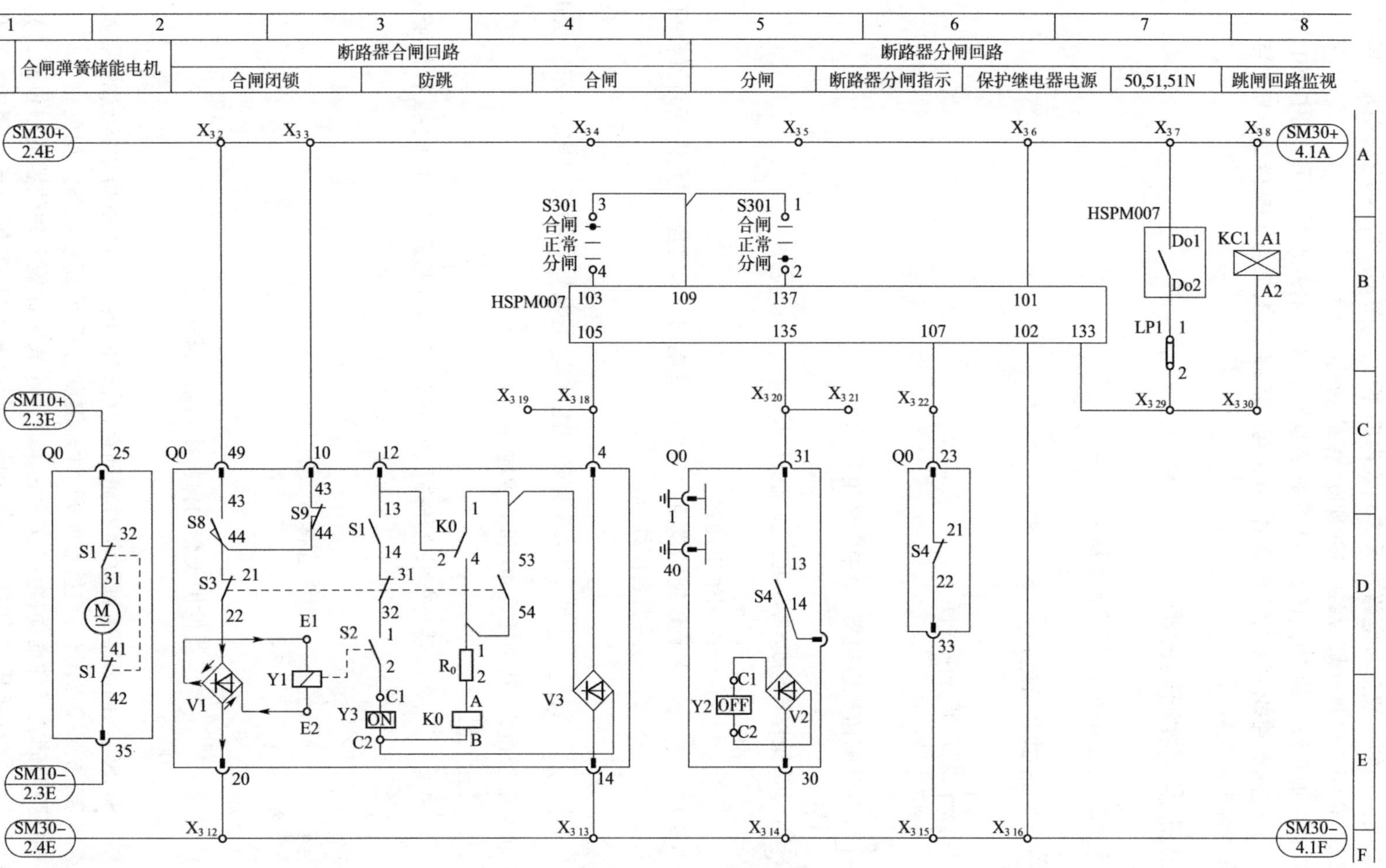

图 8-5　分、合闸回路原理接线图

分、合闸回路的位置信号电路在保护装置内部完成,此图不反应内部接线图。其中分闸信号是绿灯、合闸信号是红灯,都在 HSPM007 保护装置面板上。

HSPM007 细实线中的 101、102、109 等数字是保护装置的外部端子号,其中 101、102 是电源端子,通过内部连线 101 与 109 接通、103 与 105 接通、137 与 135 接通。133 与 135 端子在断路器合闸后也接通。

一、图形及文字符号说明

(1)K0 A B:防止断路器跳跃继电器。

(2)V:桥式整流电路。

(3)Y2 C1 OFF C2:断路器分闸线圈。

(4)KC_1 A1 A2:跳闸监视继电器,由中间继电器承担。

(5)M:弹簧操作机构储能电机,交、直流两用。

(6)Y1 E2 S2 32 1 2 C1 Y3 ON C2
Y1:合闸闭锁电磁锁。
S2:电磁锁辅助接点,只有 Y1 受电时,S2 闭合,才允许断路器合闸。
Y3:断路器合闸线圈。

(7)X_0 49 10 12 40 1:58 针多功能插座,它与航空插头对应,小车二次电路与外部的联系都经过它,其中插孔 40 和 1 接地。

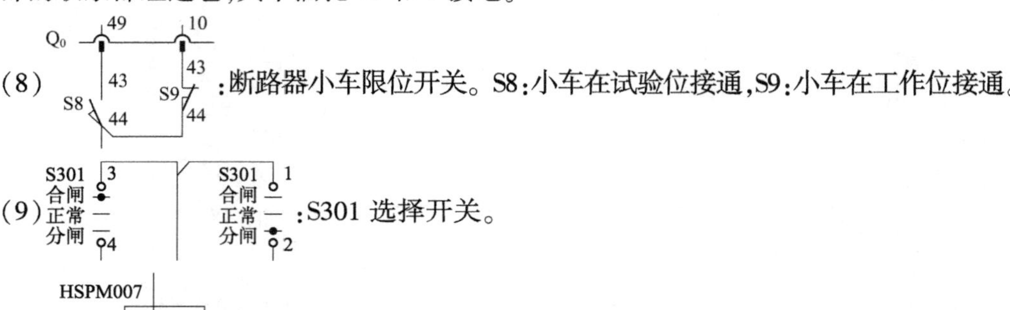

(8):断路器小车限位开关。S8:小车在试验位接通,S9:小车在工作位接通。

(9):S301 选择开关。

(10):变压器保护装置的保护出口继电器接点。

(11)S3、S4、S5:与断路器主轴联动的辅助接点,辅助接点与断路器主接点的联动关系是:主接点闭合,常开接点闭合;主接点断开,常开接点断开;常闭接点与之相反。

(12)S1:弹簧储能元件辅助接点(实际它也是一个表示储能元件位置的限位开关)。弹簧未储能时,常开接点断开,常闭接点闭合;弹簧储能完毕,常开接点闭合,常闭接点断开。

(13)Y1 电磁锁、Y2 分闸线圈、Y3 合闸线圈,它们的前端都接有桥式整流电路,表示这些元件都可以交、直两用。

(14)3.7A 区域的数字“50,51,51N”的表示含义见表8-13。当这些继电器动作后,都从 $HSPM007_{D01\text{-}D02}$ 接点出口。

二、电路工作原理

如图8-5所示。

1. 弹簧储能回路工作原理

弹簧储能元件电源(在3.1C和3.1E区域)来自2.3E区域的SM10开关。

1)弹簧未储能时

(1)S1的常开接点断开

$S1_{53-54}$(在5.5C区域)断开,保护装置面板上的电机储能指示灯Di3(图8-9)不亮;$S1_{13-14}$(在3.3D区域)断开,闭锁合闸回路,不允许断路器合闸。

(2)S1的常闭接点闭合

$S1_{32-31}$、$S1_{41-42}$闭合,为电机储能做好准备。

2)若此时电源开关SM10是闭合的,则储能电机通过

SM10 + →$S1_{32-31}$→M→$S1_{41-42}$→SM10 - 接通开始储能,储能完毕S1接点转换,常闭接点断开,切断储能回路;常开接点闭合,电机储能指示灯Di3亮,允许断路器合闸。

2. 断路器合闸回路工作原理

断路器分、合闸回路及合闸闭锁回路的电源是共用的。

1)合闸闭锁回路(在3.1C ~ 3.1E区域)

电磁锁只有通电才能解锁,合闸闭锁电路的解锁通道有如下两条所示:

(1)从SM30 + →3.1A区域的$X_{3\,2}$→S8→$S3_{21-22}$→V1→Y1→$X_{3\,12}$→SM30 - 。

(2)从SM30 + →3.1A区域的$X_{3\,3}$→S9→$S3_{21-22}$→V1→Y1→$X_{3\,12}$→SM30 - 。

从两条通路可见,断路器必须处于断开位置,辅助接点$S3_{21-22}$闭合,此时小车在试验位时S8闭合,解锁电路通过S8构成通路,小车在工作位时S9通,电磁锁通过S9构成通路,这两种情况下电磁锁都能解锁,$S2_{1-2}$闭合,允许断路器合闸。

2)断路器合闸回路(在3.2D ~ 3.2E、3.3D ~ 3.3E及3.4B ~ 3.4E区域)

(1)断路器合闸的必备条件

①电磁锁必须有电,$S2_{1-2}$闭合;

②操作弹簧已储能,$S1_{13-14}$闭合;

③断路器处于分闸状态,$S3_{31-32}$闭合;

④K0处于失电状态,$K0_{1-2}$闭合。

(2)断路器手动合闸

断路器合闸前的初始状态是:主接点处于分闸位置,辅助常开接点$S3_{53-54}$断开;常闭接点$S3_{21-22}$、$S3_{31-32}$闭合。常开接点$S4_{13-14}$断开,红灯灭;$S4_{21-22}$闭合,通过HSPM007的107端子接通保护内部的分闸指示灯,绿灯亮。

在满足断路器合闸必备条件后,手动操作S301到合闸位,$S301_{3-4}$(在3.4B区域)接通,

电流从 SM30 + →$X_{3\ 6}$→HSPM007 的 101 端子，经 HSPM007 内部连线到→109 端子→$S301_{3-4}$→103 端子→105 端子→$X_{3\ 18}$→桥式整流电路 V3→$K0_{1-2}$→$S1_{13-14}$→$S3_{31-32}$→$S2_{1-2}$→Y3→$X_{3\ 13}$→SM30 - 构成通路，合闸线圈 Y3 受电，断路器合闸。

断路器合闸后辅助接点 S3、S4 的常开接点与常闭接点转换。

S3 接点转换：

常闭接点 $S3_{21-22}$断开，切断电磁锁通路，电磁锁闭锁；$S3_{31-32}$断开，切断合闸回路，合闸线圈失电（合闸线圈不允许长期带电）。

常开接点 $S3_{53-54}$闭合，使防跳继电器 K0 线圈受电，$K0_{1-2}$断开，$K0_{1-4}$接通，使 K0 线圈自保持，$K0_{1-2}$断开切断了合闸回路电源，防止断路器出现一跳一合的跳跃现象。

S4 接点转换：

常闭接点 $S4_{21-22}$断开，切断绿灯回路，绿灯灭。

常开接点 $S4_{13-14}$闭合，红灯亮，同时电流从 SM30 + →$X_{3\ 8}$→KC_1→HSPM007 的 133 端子→135 端子→$S4_{13-14}$→V2→Y2→$X_{3\ 14}$→SM30 - 构成回路，使跳闸回路监视继电器 KC_1 及分闸线圈 Y2 受电，KC_1 动作，它的常闭接点在 5.4D 区域断开，跳闸监视信号灯 Di5（HSPM007 面板上）不亮，说明跳闸回路完好。但分闸线圈 Y_2 由于 KC_1 的分压导致电压不足而不会动作。

（3）防跳继电器 K0 的作用（在 3.1C ~ 3.1E 区域）

若出现一个持久的合闸命令，同时又出现保护跳闸信号，例如：手动合闸到故障线路上时，若手动合闸信号还未消失（在合位停留的时间过长），故障线路又使保护装置启动→断路器跳闸→断路器辅助接点转换→合闸信号会使合闸线圈沿着合闸回路再次受电，发生第二次合闸，断路器将第二次跳闸，断路器出现一跳一合现象，增加断路器跳闸次数，减少断路器使用寿命。

增加防跳继电器 K0 后，合闸时 K0 同时动作，它的常开接点 $K0_{1-4}$闭合，使 K0 线圈自保持，常闭接点 $K0_{1-2}$断开切断电源，此时不管是否有合闸信号输入，断路器都不会再合闸，断路器只有在持久的合闸命令消失后 K0 保持不住，才能进行合闸操作。

3. 断路器分闸回路工作原理

1）保护分闸

断路器分闸前的初始状态是，主接点处于合闸位置，辅助常开接点 $S4_{13-14}$闭合，红灯亮；$S4_{21-22}$断开，绿灯灭。

保护装置 HSPM007 的 DO1 + 和 DO1 - 接点（在 3.7B 区域），是电流速断继电器（编号 50）、过电流继电器（编号 51）、接地过电流继电器（编号 51N）的总出口（编号在横坐标下方），三个继电器中只要有一个动作，此接点都会闭合，发出跳闸命令。

例如：线路出现接地故障时，接地过电流继电器动作，HSPM007 的 DO1 + DO1 - 接点闭合，将 KC_1 短接，分闸线圈 Y2 经：SM30 + →$X_{3\ 7}$→HSPM007 的 DO1 + →DO1 - →LP1→$X_{3\ 29}$→133 端子→135 端子→$X_{3\ 20}$→$S4_{13-14}$→V2→Y2→$X_{3\ 14}$→SM30 - 回路得到足够的启动电压而动作→断路器跳闸。

断路器跳闸后辅助接点 $S4_{21-22}$ 闭合，接通 HSPM007 保护装置面板上绿灯，绿灯亮。$S4_{13-14}$断开，红灯灭。

2）手动分闸

将 S301 选择开关打至分闸位，$S301_{1-2}$（在 3.5B 区域）接通。电流从 SM30 + →$X_{3\ 6}$→HSPM007 的 101 端子，经 HSPM007 内部连线到→109 端子→$S301_{1-2}$→137 端子→135 端子→$X_{3\ 20}$→$S4_{13-14}$→桥式整流电路 V2→Y2→$X_{3\ 14}$→SM30 – 构成通路，分闸线圈 Y2 受电，断路器分闸。

分闸后断路器所有辅助接点转换，常开接点断开，常闭接点闭合，绿灯亮。

单元 8.6　控制和信号回路

图 8-6 是图册的第四页（SHEET No.4），如图所示电路中 1A ~ 1F、2A ~ 2F、3A ~ 3F 部分是断路器控制回路的信号，体现了断路器及小车的位置。右侧部分是备用信号电源及变压器温度超高信号。

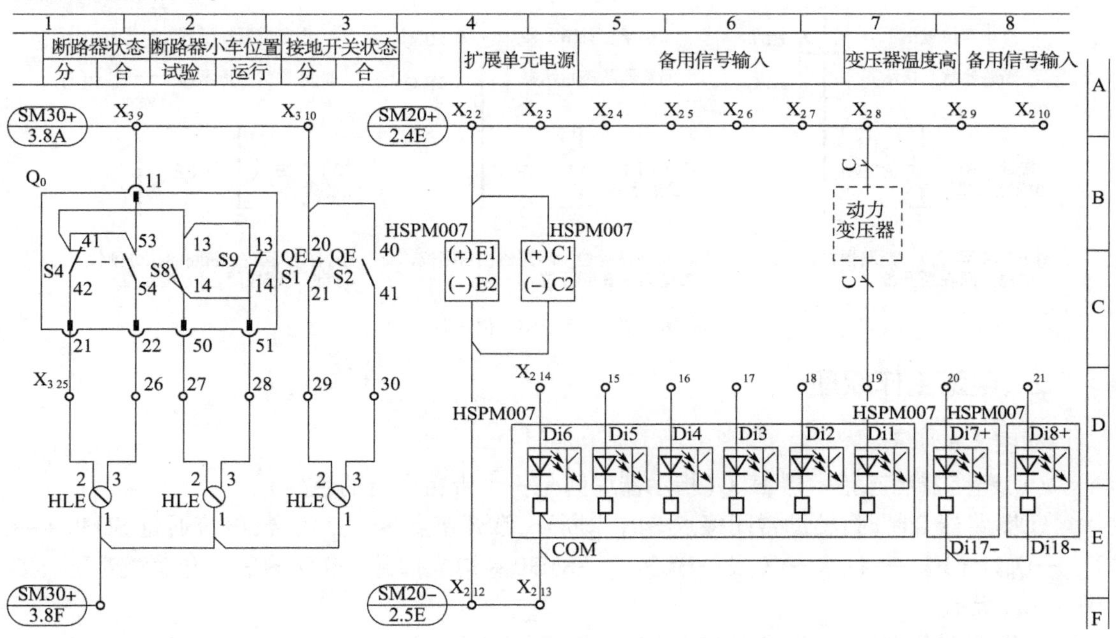

图 8-6　控制和信号回路

1A 和 1F 区域是断路器小车位置信号的电源，来自 3.8A 及 3.8F 区域。4A、4F 区域是动力变压器备用信号、温度过高信号的电源，来自 2.4E 及 2.5E 区域。

一、图形及文字符号说明

（1）光电隔离二极管：是 HSPM007 保护的信号输入端。

HSPM007 (+)E1 (–)E2

（2）保护装置扩展单元的电源：保护装置接点不够用或接点容量不够大时，需增加中间继电器来扩大接点数量和容量。扩展单元电源就是为中间继电器提供电源。

(3)[动力变压器] 动力变压器温度继电器接点,不属于开关设备厂家提供,应由客户自己提供,所以用虚线表示。

(4)QES1:接地刀闸辅助常闭接点;QES2:接地刀闸辅助常开接点。

(5) 断路器、小车及接地刀闸状态指示器:1 - 2 接通,指示器中间的黑道"横"位,即"⊖",表示断路器在断开状态;1 - 3 接通,指示器中间的黑道"竖"位,即"⦶",表示断路器在闭合状态。

(6)断路器、小车及接地刀指示器实际位置图,如图 8-7 所示。

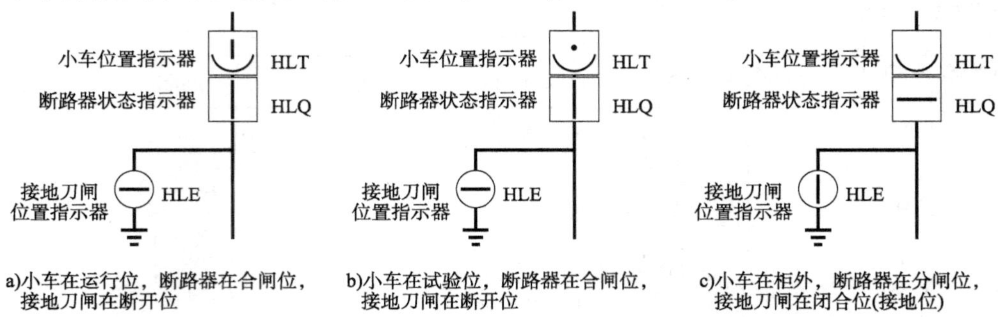

图 8-7　指示器实际位置图

二、电路工作原理

如图 8-6 所示。

(1)断路器状态指示器 HLQ(指示器中间是一个带粗黑道的色标)。

①断路器合闸时:辅助常闭接点 $S4_{41-42}$断开、常开接点 $S4_{53-54}$闭合,电流通过 SM30 + → $X_{3\ 9}$ → $Q_0$11 插头 → $S4_{53-54}$ → $X_{3\ 26}$ → HLQ_{3-1} → SM30 - 构成回路,HLQ 的黑道色标"竖"位,如图 8-7a)所示。

②断路器分闸时:辅助常开接点 $S4_{53-54}$断开、常闭接点 $S4_{41-42}$闭合,电流通过 SM30 + → $X_{3\ 9}$ → $Q_0$11 插头 → $S4_{41-42}$ → $X_{3\ 25}$ → HLQ_{2-1} → SM30 - 构成回路,HLQ 的黑道色标"横"位,如图 8-7c)所示。

(2)断路器小车位置指示器 HLT。

①小车在运行位时:小车限位开关 $S9_{13-14}$闭合,电流通过 SM30 + → $X_{3\ 9}$ → $Q_0$11 插头 → $S9_{13-14}$ → $X_{3\ 28}$ → HLT_{3-1} → SM30 - 构成回路,HLT 的黑道色标变成"竖"位,如图 8-7a)所示。

②小车在试验位时:$S8_{13-14}$闭合,电流通过 SM30 + → $X_{3\ 9}$ → $Q_0$11 插头 → $S8_{13-14}$ → $X_{3\ 27}$ → HLT_{2-1} → SM30 - 构成回路,HLT 的色标变成红点如图 8-7b)所示。

③小车在柜外时:S8、S9 都断开,电流没有通路。HLT 的指示变为空白,如图 8-7c)所示。

(3)小车接地刀闸状态指示器 HLE。

①接地刀闸分断时:QES1 闭合,电流通过 SM30 + → $X_{3\ 9}$ → $X_{3\ 10}$ → $QES1_{20-21}$ → $X_{3\ 29}$ → HLE_{2-1} → SM30 - 构成回路,HLE 的黑道色标"横"位,如图 8-7a)、b)所示。

②接地刀闸闭合时：QES2 闭合，电流通过 SM30 + →$X_{3\ 9}$→$X_{3\ 10}$→$QES2_{40-41}$→$X_{3\ 30}$→HLE_{3-1}→SM30 - 构成回路，HLE 的黑道色标“竖”位，如图 8-7c）所示。

（4）备用信号的光电隔离输入端未接信号。

（5）光电隔离的 Di1 输入端接有变压器温度继电器信号，当变压器温度超高时继电器接点闭合发出信号。

（6）动力变压器温度信号。

温度 >140℃，发预告信号。

温度 >150℃，发报警信号（即跳闸信号）。

（7）牵引变压器温度信号。

温度 >130℃，发预告信号。

温度 >150℃，发报警信号（即跳闸信号）。

（8）整流柜温度信号。

温度 >70℃，发预告信号。

温度 >90℃，发报警信号（即跳闸信号）。

单元 8.7　信号输入回路

图 8-8 是图册的第五页（SHEET No. 5），为动力变压器开关柜的各种信号回路。

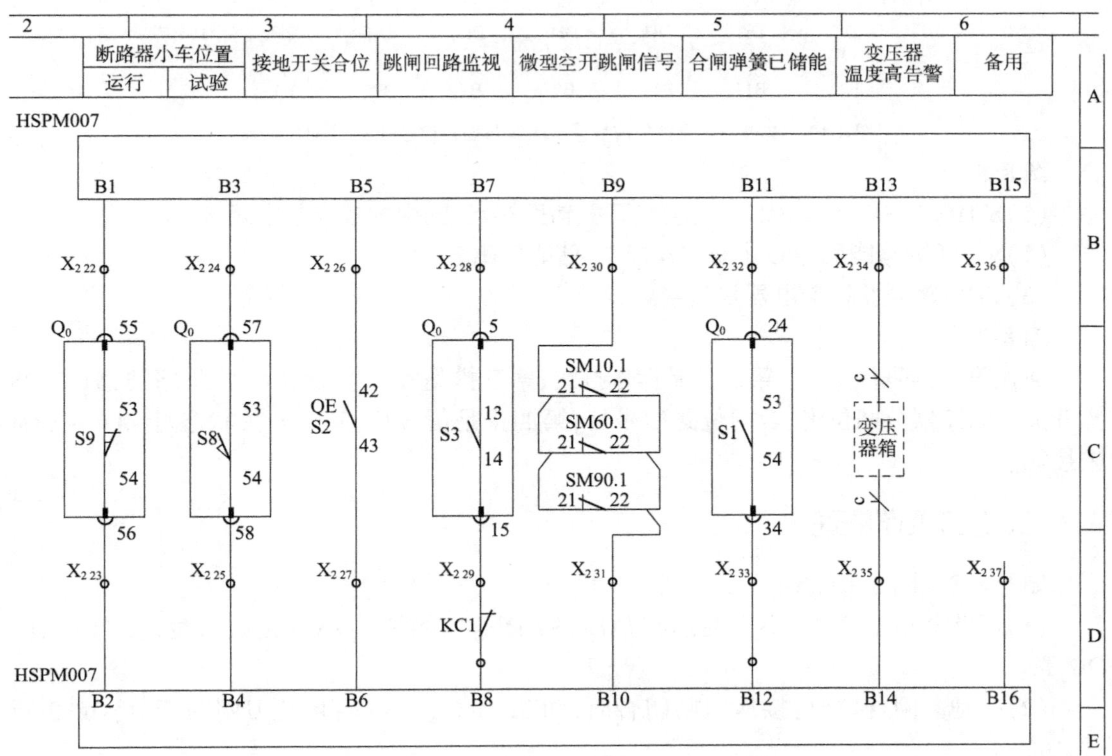

图 8-8　信号输入回路

一、图形及文字符号说明

图 8-8 中 B2、B4、B6、B8、B10、B12、B14、B16 是 HSPM007 保护装置的信号输入端，B1、B3、B5、B7、B9、B11、B13、B15 是 HSPM007 保护装置的信号输出端，每一个信号输出端，都有一个对应的信号灯，在 HSPM007 保护装置面板上，如图 8-9 所示的右下角 Di1、Di2、Di3、Di4、Di5、Di6、Di7、Di8。每个信号灯 Di 与 HSPM007 保护装置对应的信号输出端 B，有如图 8-10 所示的对应关系。因此，每个信号灯表示什么信号可通过图 8-8 和图 8-10 查到。例如：图 8-10中信号灯 Di2 对应的是 B13，在图 8-8 中 B13 变压器温度高告警信号。

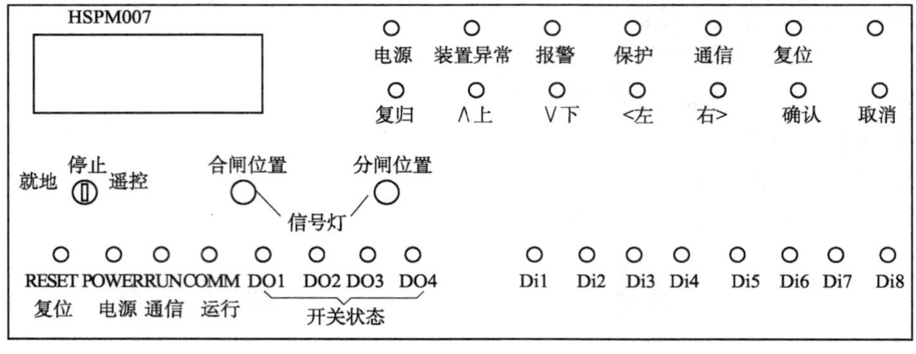

图 8-9 HSPM007 保护装置面板图

信号灯	Di1	Di2	Di3	Di4	Di5	Di6	Di7	Di8
	↑	↑	↑	↑	↑	↑	↑	↑
	B15	B13	B11	B9	B7	B5	B3	B1

图 8-10 HSPM007 保护的信号输出端 B 与面板信号灯 Di 的对应关系

图 8-8 中：

(1)SM10.1、SM60.1、SM90.1：空气开关辅助接点，图中的接点是常闭接点。

(2)S1：弹簧储能元件的辅助常开接点，储能后闭合。

(3)KC1：跳闸监视继电器常闭接点。

图 8-9 中：

面板第一排是信号灯；第二排是操作按钮；第三排是“就地”操作和远方“遥控操作”选择开关及断路器分闸位置、合闸位置信号灯；第四排是信号灯，其中开关状态灯 DO1 ~ DO4 未接线。

二、电路工作原理

如图 8-8 ~ 图 8-10 所示。

(1)断路器小车位置：小车在运行位时，S9 闭合，Di8 亮 ；小车在试验位时，S8 闭合，Di7 亮。

(2)接地刀闸合位时：接地刀闸闭合时，QES2 闭合，Di6 亮；接地刀闸断开时，QES2 断开，Di6 灭。

(3)跳闸回路监视：跳闸回路监视是为监视跳闸回路是否完好，保证故障时断路器能及时跳闸而设置的监视回路。断路器在合闸位时,其辅助常开接点 S3 闭合,若跳闸回路完好,KC1 线圈(在 3.8B 区域)有电,常闭接点 KC1 断开,跳闸回路监视灯 Di5 不亮。若跳闸回路故障,KC1 线圈失电,接点 KC1 闭合 Di5 亮。

(4)微型空气开关跳闸信号:SM10 是弹簧储能电源开关,SM90 是加热器电源开关,SM60(在 7.7C 区域)是 HSPM007 保护装置交流电压采样回路开关,只要这些开关中有一个跳闸其常闭接点就会闭合,Di4 亮。控制回路电源不用单设信号灯。因为控制回路断线后合闸位置、分闸位置信号(红、绿灯)都会灭。

(5)合闸弹簧已储能:当合闸弹簧储能后,S1 闭合,Di3 亮,否则灭。

(6)变压器温度高告警:当变压器温度过高时,变压器温度继电器接点闭合,Di2 亮。

(7)备用:为预留,在牵引变压器开关柜信号输入回路中,Di1 是给硅管故障发信号的。

需要说明的是,图册第六页(SHEET No.6)是厂家给客户的预留端子,客户可根据需要处理。

单元 8.8　电压电流回路

图 8-11 是图册的第七页(SHEET No.7),为电流互感器、电压互感器的二次回路。10kV 侧主接线一次回路的所有电压、电流信息都从电流互感器、电压互感器的一次侧传递到二次侧,HSPM007 保护、测量装置的交流电流采样端,接于电流互感器二次侧,交流电压采样端,接于电压互感器二次侧。此回路是否接触良好是保护装置与测量表计能否正常工作的第一步。

一、图形及文字符号说明

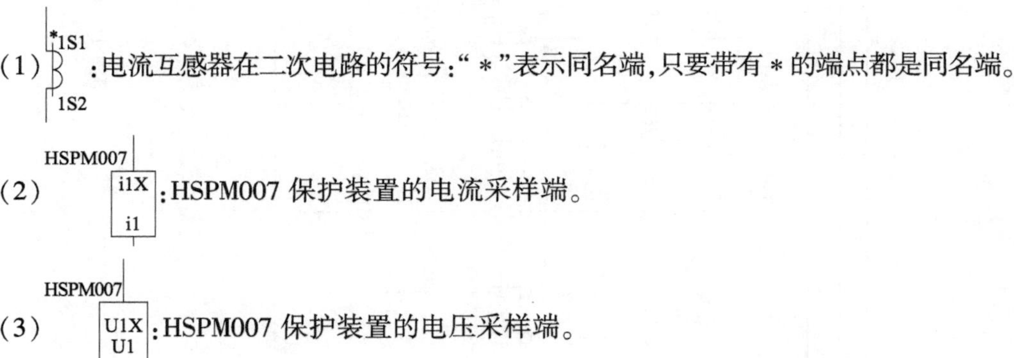

(1):电流互感器在二次电路的符号:“ * ”表示同名端,只要带有 * 的端点都是同名端。

(2):HSPM007 保护装置的电流采样端。

(3):HSPM007 保护装置的电压采样端。

(4):零序电流保护采样端。

(5) E　E :此符号之间是本柜的交流电压小母线。

(6) X4 1:连接片。

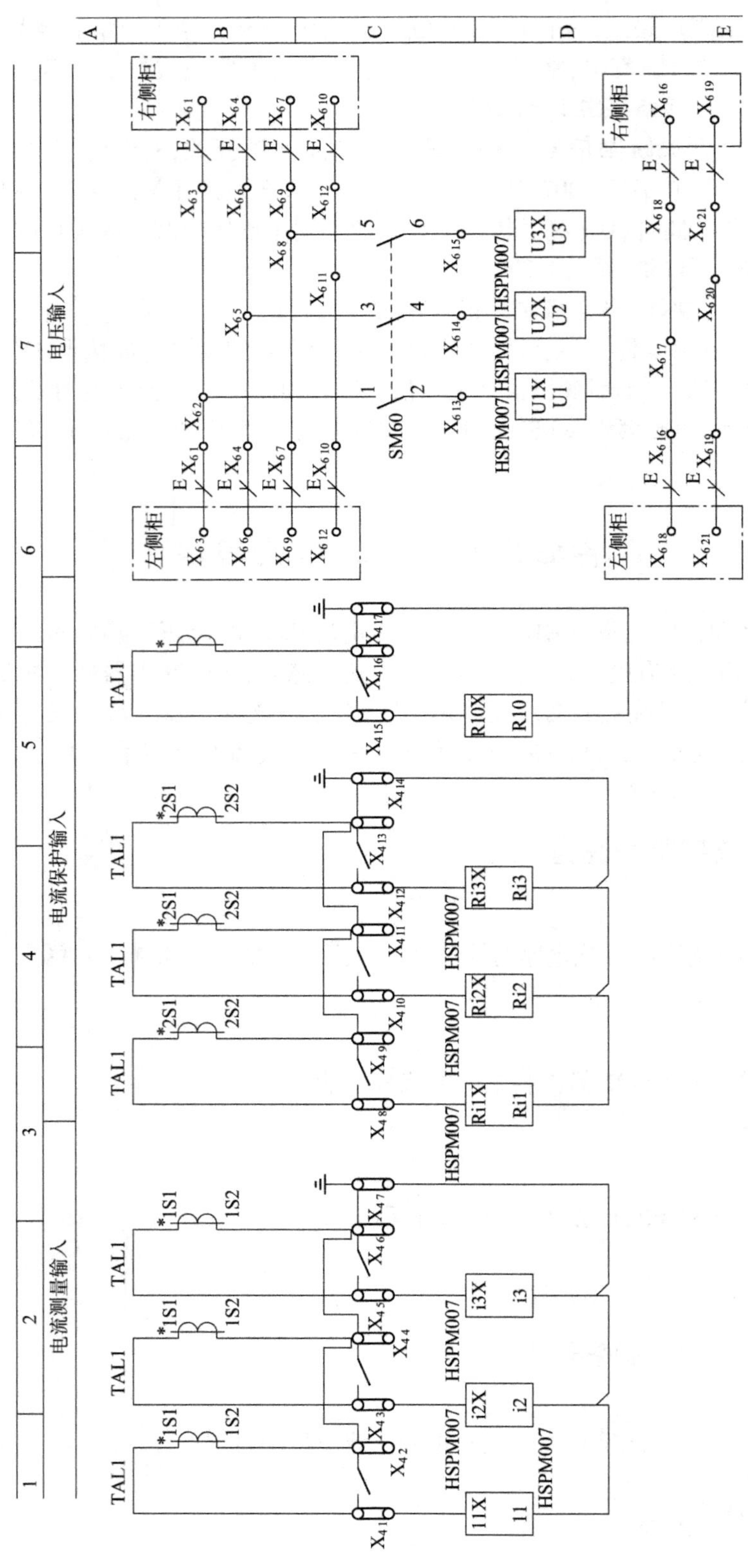

图 8-11 电流互感器、电压互感器的二次回路

二、电路工作原理

如图8-11所示。

(1)TAL1～TAL3：三相电流互感器，一次线圈接于图8-1中1.4C区域，反映中压侧母线流入开关柜的三相电流，1A～1F、2A～2F区域是测量回路电流采样回路；3A～3F、4A～4F、5A～5F区域是保护回路电流采样回路。

(2)TAN：零序电流互感器，反应线路是否有接地，零序电流互感器一次线圈接于图8-1中1.4E区域，它的次边只有一个线圈。

线路正常运行时，没有零序电流出现，TAN二次线圈不感应电流，当出现某相线接地时，线路中出现零序电流，TAN二次线圈会感应出零序电流，并将其反映到保护装置中。

(3)$X_{6\,1}$-$X_{6\,3}$、$X_{6\,4}$-$X_{6\,6}$、$X_{6\,7}$-$X_{6\,9}$是电压互感器二次侧输出的三相小母线端子排。$X_{6\,10}$、$X_{6\,12}$是零线N端子排，从此处可获得三相线电压和三相相电压。图中零线未接线，说明只取了线电压。

(4)连接片的作用是：电流互感器通过它可进行投入或退出。

(5)$X_{6\,16}$、$X_{6\,17}$、$X_{6\,18}$之间的小母线、$X_{6\,19}$、$X_{6\,20}$、$X_{6\,21}$之间的小母线是从电压互感器二次辅助线圈，开口三角形处输出的小母线。线路正常运行时，没有零序电压，两条母线之间的电压为零，当出现某相线接地时，开口三角形处出现三倍的零序电压，两小母线之间也出现三倍的零序电压。此时若设有绝缘监察保护，它会发出预告音响。

单元8.9　端子排图

端子排图表明柜内某些设备之间的连接关系，以及柜与柜之间的连接关系，在图8-12中标注了各柜之间连接端的端子号和线号。

附注	外引电缆	连接设备	线号	端子号	端子型号	线号	连接设备	外引电缆	附注
				=SF3-X1					
	☆	=左侧柜-X1:2	22C31	1	UK5N	24C13	SM30:3		
	☆	=右侧柜-X1:1	27C28	2	UK5N				
	☆	=左侧柜-X1:4	22C32	3	UK5N	24C14	SM30:1		
	☆	=右侧柜-X1:3	27C29	4	UK5N				
	☆	=左侧柜-X1:6	22B29	5	UK5N	23B21	SM10:3		
	☆	=右侧柜-X1:5	27B25	6	UK5N				
	☆	=左侧柜-X1:8	22B30	7	UK5N	23B23	SM10:1		
	☆	=右侧柜-X1:7	27B26	8	UK5N				

图8-12　端子排图

图8-12说明：

1.端子号

SF3-X1：表示馈线柜原理图的1号端子排(直流辅助电源小母线)。

1、2、3……：是1号端子排的1号、2号、3号……端子。

2. 连接设备

用相对标号法标注需连接的设备的端子号。

相对标号法即在本端子旁，标注需要连接的端子号。

例如：1 号端子左侧标注的是"左侧柜 - X1：2"：表示 1 号端子左侧接的是来自左侧开关柜的 1 号端子排(X1)的 2 号端子，线号为 22C31。1 号端子右侧标注的是"SM30：3"：表示 1 号端子右侧接的是来自微型空气开关 SM30 的 3 号辅助接点，线号为 24C13。

3. 线号

标注的是连接导线的线号。

4. 连接端子及分隔板(图 8-13)

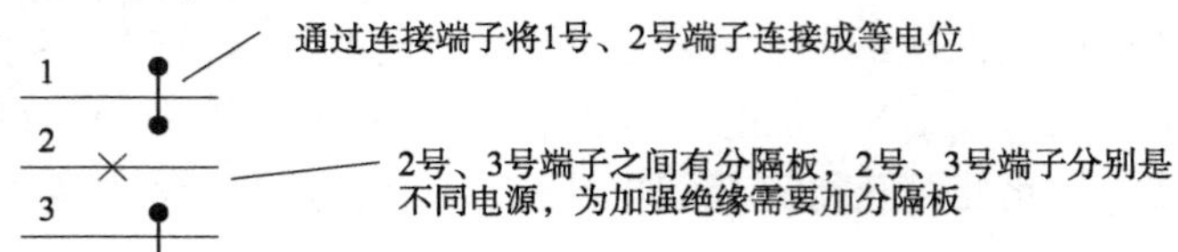

图 8-13　连接端子及分隔板

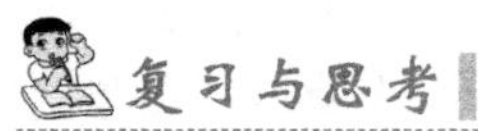

1. HSPM001、HSPM002、HSPM004、HSPM007 各表示什么？
2. 简述断路器分、合闸回路的工作原理。
3. 简述断路器控制和信号回路的工作原理。
4. 简述断路器信号输入回路的工作原理。

单元9　二次回路故障处理

【知识目标】

1. 熟悉二次回路故障查找的一般方法。
2. 熟练掌握查找二次回路故障的三种基本方法：测量电阻法、测量电压法、测量对地电位法。
3. 掌握断路器拒合故障的查找方法。
4. 掌握直流接地故障的查找方法。

【能力目标】

能够熟练使用万用表查找二次回路故障。

【素质目标】

培养职业素养和安全意识。

单元9.1　二次回路故障处理的基本方法

二次回路是一个多功能复杂网络，是电力系统安全、经济、稳定运行的重要保障，是变电所的重要组成部分。二次回路与一次回路相比，功能较多、线路复杂，易出现故障，且不易查找。为了保证供变电系统的安全正常运行，要求运行值班人员能及时准确地根据故障现象判断故障点并排除故障，缩小事故范围。本节主要介绍二次回路的典型故障和基本查找方法。

一、二次回路故障类型

二次回路虽然复杂，异常故障现象较多，但其故障主要包括以下几种形式：

(1)开路故障：指二次接线接触不良或脱落引起的回路断线故障。

(2)短路故障：指二次回路中的电阻、电容、电压线圈等主要降压元件被意外短接或烧毁击穿等引起的短路故障。

(3)直流接地故障：指有绝缘监察装置的直流控制电源系统发生正极或负极接地的故障。

(4)微机保护装置或PLC故障：主要包括死机、内部元器件故障等。

二、二次回路故障查找基本方法

1. 二次回路查找故障的一般方法

(1)根据故障现象和图纸分析原因,再确定检查处理的顺序和方法。

(2)保持原状,进行外部检查和观察。

(3)检查出故障可能性大的、容易出问题的、常出问题的薄弱点。

(4)逐步缩小范围,查找故障。

二次回路故障查找重在分析判断,有正确的分析判断,才能正确处理,少走弯路。先根据接线情况、故障现象、设备状态、信号等情况分析判断找出准确范围。判断准确范围后,再用正确方法,缩小范围。检查测量中再根据结果和现象进行分析判断,再测量就能准确无误地查找出故障点。

2. 使用仪表查找二次回路故障的方法

二次回路发生故障时使用仪表查找短路点和断路点很有效、很准确。一般用万用表来检查测量,主要有三种方法,即测量电阻法,测量电压法和测量对地电位法。

1)测量电阻法

测量电阻法主要用来判断回路的通断,使用万用表的电阻挡测量怀疑断线的回路通不通是查找二次回路开路故障的基本方法之一。它的基本原理是电路出现故障以后,断路点两端的电阻为无穷大,而其他各段的电阻接近于零,负载两端的电阻则为一定值。因此可以通过测量电路各线段电阻值来查找断路点。

(1)在测量前必须将被测量线路停电。否则当两个测量点跨越断线点或电阻时,万用表可能被烧毁。

(2)甩开无关线路,使测量电流只能通过被测量的线路,以防止寄生回路影响测量结果。

(3)当要确认被测线路通时,要将万用表打在电阻挡的 R×1 挡,测量时电阻值接近零。

当要确认被测线路不通时,要选择万用表电阻挡的 R×100 挡,测量时电阻值应无穷大;

当被测线路间有电阻元件时,要知道电阻元件的阻值,单独测量电阻元件本身是否完好,然后分别测量电阻元件两端的接线是否完好。

注意:万用表打在电阻挡时,黑表笔是万用表内部电池的正极,红表笔是万用表内部电池的负极。测量二极管时,万用表打在电阻挡 R×100,黑表笔接二极管的阳极,红表笔接二极管的阴极时电阻值很小,相反,电阻值很大,表示二极管的单向导电性能良好。如果二极管已经击穿,两个方向测电阻均为零。在认真分析电路的基础上,可以利用二极管的单向导电特性在不断开接线的情况下很方便地判断设备的状态。

2)测量电压法

测量电压法主要用来判断开路故障,开路故障就是在电路的断口之外又意外地存在一个新的断口,使主令电器的断口闭合后,主要功能元件不能正常启动,形成故障。查找开路故障就是要把这个意外存在的断口找出来,接通,使回路恢复正常。

如图 8-3 所示,SM10 处于闭合状态,在直流 220V 控制系统进行电压测量时,万用表转换到 DC250V 挡,红表笔和黑表笔分别触及正常断口的正极一侧 SM103 和负极一侧 SM101,指示为 220V 时表示电源至该正常断口处线路良好,应怀疑后面的负载回路存在开路故障。

如果万用表指示电压0V证明电源正极或电源负极至这个正常断口的线路存在意外断口。这时黑表笔对地，红表笔点正常断口的正极侧(例如SM103接点)，如万用表指示110V，说明正常断口的正极侧线路完好，否则说明这一段线路有接触不良。然后，红表笔对地，黑表笔点正常断口的负极侧(例如SM101接点)，如万用表指示110V说明正常断口的负极侧线路完好，否则说明这一段线路有接触不良。然后以正常一侧的点作为参考电位，表笔点住不动，另一表笔向故障一侧的线路逐点移动测量，同时观察万用表，当万用表突然有DC220V指示时，测点前的这一段线路就应是存在开路的线路。

3)测量对地电位法

对地电位法也是电压法的一种，只是以地电位作为参考点，并且只适用于有直流绝缘监察的系统。在直流220V控制系统进行电压测量时，万用表打在DC250V挡，黑表笔对地，红表笔点正常断口的正极侧(例如SM103接点)，如万用表指示110V说明正常断口的正极侧线路完好，否则说明这一段线路有接触不良。然后，红表笔对地，黑表笔点正常断口的负极侧(例如SM101接点)，如万用表指示110V说明正常断口的负极侧(例如SM101接点)线路完好，否则说明这一段线路有接触不良。然后以"地"为参考电位，表笔点住不动，另一只表笔向故障一侧的线路逐点移动测量，同时观察万用表，当万用表突然有DC110V指示时，测点前的这一段线路就应是存在开路的线路。

想一想 图9-1所示指针式万用表和数字式万用表应如何使用？在使用时有什么区别？

a)指针式万用表

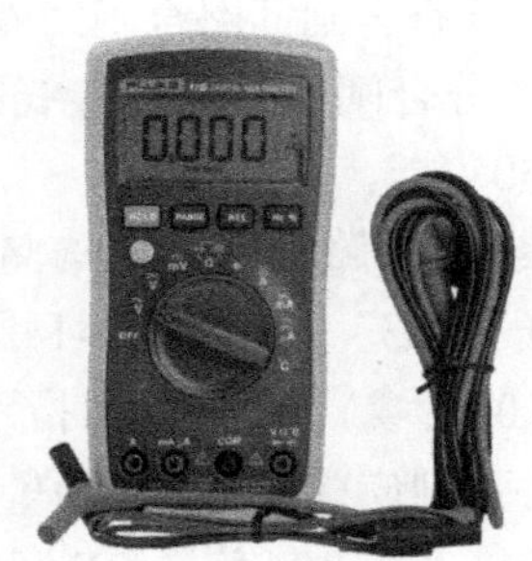

b)数字式万用表

图9-1　万用表

单元9.2　断路器拒合典型故障的处理

一、断路器拒绝合闸的原因

变电所中断路器拒绝合闸是一种典型的断路器故障现象，断路器拒绝合闸的原因有多种，如，断路器本体机械故障，操动机构出现卡死等现象，现将可能拒动的电气原因总结如下：

(1)断路器操作电源故障或异常：直流电源故障无电、有接地故障、电压过高会导致长期带电的继电器等过热或损坏；电压过低会造成断路器保护动作不可靠等。所以直流母线电压允许变化范围一般是±10%。

(2)合闸控制回路故障:由于直流电源故障引起的合闸接触器失压或欠压故障。控制回路中熔体熔断,回路中发生断路、接触不良,合闸接触器的线圈断线等原因导致断路器拒绝合闸。

二、10KV断路器(VD4型真空断路器)拒合故障的查找

如图4-8所示牵引变电所,由1号进线电源送电至10kVⅠ段母线,送电时进线开关201拒绝合闸操作。伴随音响信号,观察到的现象是201开关跳闸绿灯亮、245母联开关自投红灯亮,上位机发出报警声,查看上位机一次系统图201开关图形颜色为绿色(分位),245为银白色(合位),光字牌界面报警信号显示"备自投动作",预告信号显示"201失压",002综合保护装置保护红灯亮等。

在变电所中遇到类似事件时的处理办法:记录时间,在上位机解除音响后,到现场切换10kV一段母线电压表,检查母线电压是否正常,确认201、245开关位置,记录报文,向电调、公司调度汇报,听候处理。

在电调或公司调度允许的情况下针对这种情况如何查找故障原因。

首先根据故障现象和一次图纸分析原因,确定为进线201开关拒绝合闸故障;其次保持原状,进行201断路器外部检查,并观察操动机构有无机械卡死等,如完好无异常则说明不是断路器本体故障;然后,检查造成故障可能性大的、容易出问题的、常出问题的薄弱点;检查断路器操作电源是否异常,检查控母电压,合母电压情况,有无电源接地现象,如发现电源无异常,则判断是控制回路或合闸回路内部出现故障,利用电压法检查判断合闸接触器的受电情况,如控制回路无异常,则检查合闸回路合闸线圈的受电情况,一一排查,最终找到故障点。

图9-2是201开关的分合闸回路原理接线图,试根据上述方法查找可能的故障原因。

将万用表打在DC250V挡:

(1)确认控制电源良好,断路器操作机构储能良好。

(2)黑表笔触及端子排X3-20(负极,4F区域),红表笔点住端子排X3-37(4C与4D区域交界处),合KK2(5B区域),万用表如指示电压220V证明微机保护装置内部接线良好,合闸脉冲已经送出。否则应检查微机保护装置内部接线。

(3)黑表笔触及端子排X3-19(负极,3F区域),红表笔点端子排X3-69(3C区域),万用表如指示电压220V证明外部合闸允许条件已经满足,否则应进一步检查外部合闸允许条件。

(4)取下断路器二次接线的航空插头,用万用表电阻挡R×1挡测量二次接线的航空插头断路器一侧10(3D区域)和20(3E区域)之间的电路,应通,否则说明断路器操作机构内部有断线或接触不良。

(5)用万用表电压DC250V挡测量二次接线的航空插头断路器一侧10和20之间的电压,有220V电压说明端子排X3-69、X3-19至航空插头底座间的接线良好,否则说明有断线或接触不良,而且很可能是航空插头底座背面的接线接触不良。

(6)用万用表电阻挡R×1挡测量二次接线的航空插头的断路器一侧4(4D区域)和14(4F区域)之间的电路,应通,否则说明合闸线圈所在回路有断线或接触不良。

(7)用万用表电压DC250V挡测量二次接线的航空插头断路器一侧4和14之间的电压,有220V电压说明端子排X3-37、X3-20至航空插头底座间的接线良好,否则说明有断线或接触不良,而且很可能是航空插头底座背面的接线接触不良。

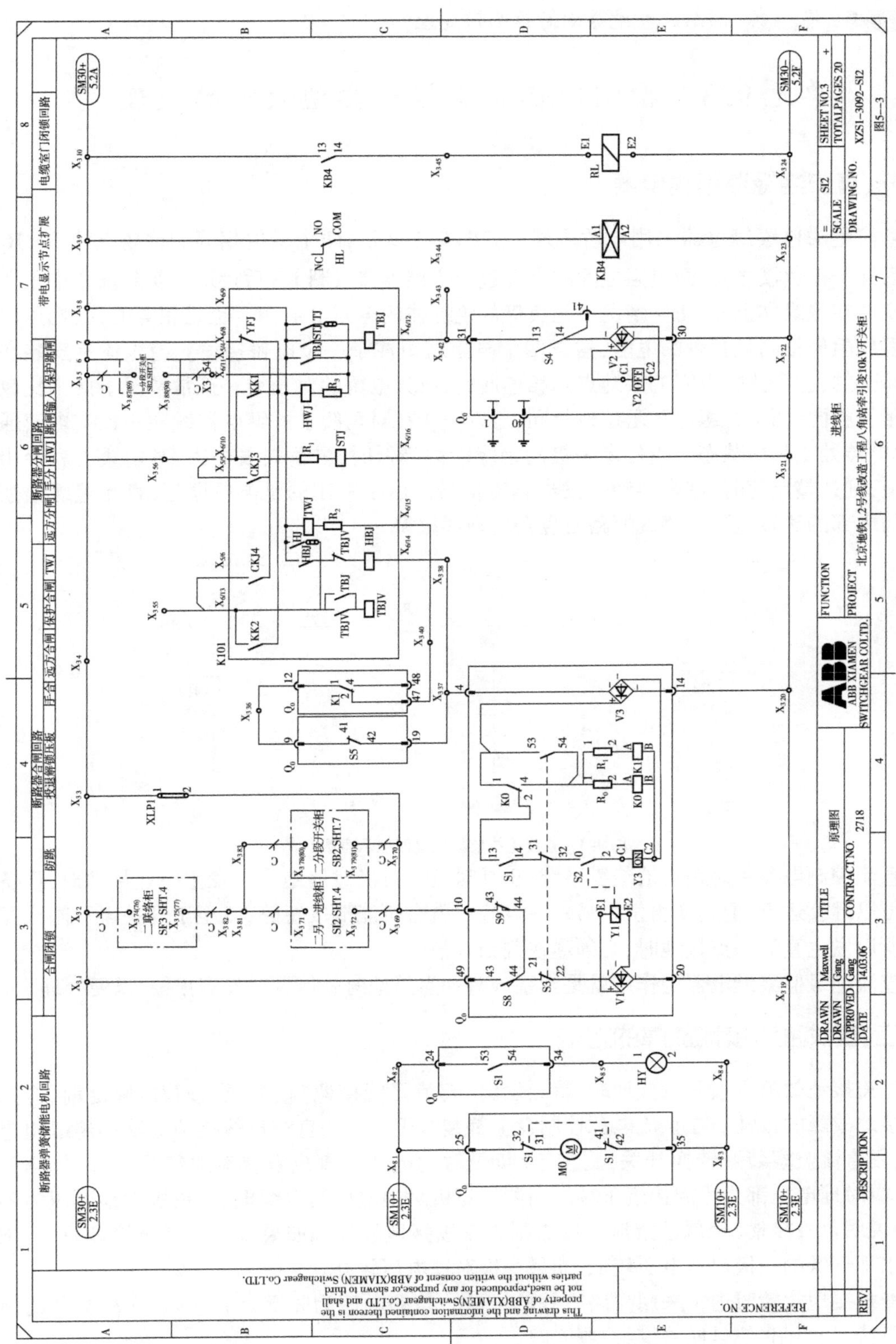

图 9-2　10kV 开关柜原理图

想一想 断路器拒绝分闸时该如何处理？

单元 9.3　控制回路直流接地典型故障的处理

一、直流绝缘监察继电器

直流绝缘监察继电器采用电桥原理。如图 9-3 所示，两个阻值相等的比较电阻 R_1、R_2 串联后接于正负极之间，两电阻之间的点经过一个继电器线圈 KS 后接地。实际设备中正负极是安装在绝缘体上的，正常情况下正负极的绝缘体的电阻 R+、R-也是相等的，我们可以把它看作阻值很高且相等的电阻，这样四个电阻就组成了一个电桥接线。绝缘体是安装在接地体上的，它和比较电阻的接地点是相连通的，成为电桥的对角线。正常情况下两个比较电阻阻值相同，两个绝缘电阻阻值也相同，所以串接在对角线上的继电器线圈中没有电流通过，继电器处于释放状态。当任意一极的绝缘能力降低时，电桥失去平衡，对角线上就会出现电流，到达整定值时，继电器动作发出报警信号。由于采用的是电桥原理，直流绝缘监察继电器内部的比较电阻开路或短路时也会出现误报警。

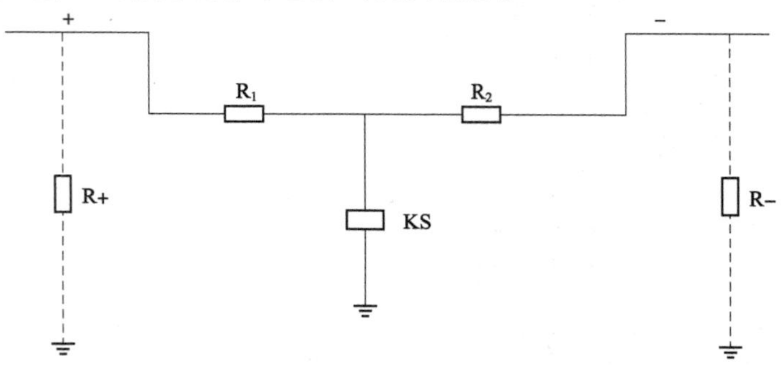

图 9-3　直流绝缘监察装置原理示意图

直流控制电源系统是对地绝缘系统，正常时，正、负极对地绝缘。发生一点接地时，设备虽然可以继续运行，但是如再发生另外一点接地就有可能造成短路，以至于开关误跳闸或振动。所以发生直流一点接地时，必须尽快判断并消除。

直流绝缘监察继电器的作用就是当系统有一点接地时就能及时发现报警，以便处理。

二、查找直流接地故障的方法

直流接地故障一般一点接地时，就会发出“直流母线接地”信号，在查找故障之前，应先判明接地故障的极性。在直流电源控制盘上都装有用于检查直流母线接地故障的绝缘检查装置，用直流监察装置转换开关，测量正、负极对地电压。直流系统对地绝缘良好时，测量正、负极对地电压都为零或接近于零。当测量正极对地电压为电源电压，负极对地电压为零时，则说明负极接地（金属性接地），反之则为正极接地故障。如果属于不完全接地故障，则绝缘水平降低的一极对地电压较低，而另一极对地电压较高。

查找接地故障时通常采用拉路查找的方法。拉路顺序为先室外后室内，先次要负荷后重要负荷，先合闸、信号回路、后控制回路。

(1)接地极性的判断,记住接地电阻值或对地电压值,以便比较。

(2)要熟悉直流二次系统的结构、层次、可断开点的分布。

(3)注意各个子系统之间的联系,防止该系统断电时,接地点从另一回路得电,接地不消失的现象,影响判断。

(4)二次图中的虚线框内的设备虽然由本系统得电,但实际设备安装在其他系统位置,查找时要注意。

(5)检查绝缘监察装置本身是否正常。

(6)有两套绝监察查装置时要停用一套。

(7)每次拉路的停顿时间要大于绝缘监察装置的反应时间,即使接地未消失也要观察接地阻值或对地电压值是否有变化,以判断是否触动了与接地点相关的回路。

三、注意事项

在查找直流接地故障时,要注意以下几点。

(1)断开控制回路不得超过3s,有无接地都要合上。

(2)使用的万用表电压挡内阻要在2000Ω/V以上。

(3)查找过程不得造成另一点接地。

(4)断开电源时要考虑对保护装置、失压自投装置、开关电保持回路和其他负逻辑电路的影响,防止造成误动作。

(5)直流系统发生接地故障时,禁止工作人员在二次回路上工作。

(6)查找直流接地故障时,必须由两人及以上进行,防止人身触电,做好安全监护。

画一画 画出单臂电桥的工作原理图。

单元10　实　训

【知识目标】

1. 掌握电磁型继电器的结构及内部接线。
2. 掌握电磁型电流继电器电压继电器的定值整定方法。
3. 熟悉微机保护装置中三段电流保护的调试方法。

【能力目标】

1. 能根据试验接线原理图完成电磁型继电器的试验接线,定值整定及测试。
2. 能根据试验接线原理图完成微机保护装置的试验接线,并完成三段电流保护定值的整定及测试。

【素质目标】

培养安全意识、动手试验能力,发现问题、排查问题的能力和团结合作精神。

单元10.1　电磁型继电器实训

实训目的

(1)了解电磁型电流继电器、电压电器结构及内部接线;

(2)掌握电流、电压继电器试验接线及试验方法。

实训内容

(1)读懂继电器内部接线图;

(2)根据试验原理接线图完成接线;

(3)用S40A测试仪测试电压继电器、电流继电器的动作值及返回值。

一、S40A测试仪简介

1. S40A测试仪的作用

S40A测试仪是由单片机控制的继电保护测试仪,如图10-1所示,其作用是:

(1)用于交、直流继电器动作值、返回值、动作时间的测试;

(2)用于微机线路保护的方向过流、低压启动过流、零序过流等保护及微机保护的整组传动测试;

(3)用于微机变压器差动保护的启动值、速断值、谐波闭锁值的测试;

(4)用于距离保护动作值、返回值及动作范围的测试。

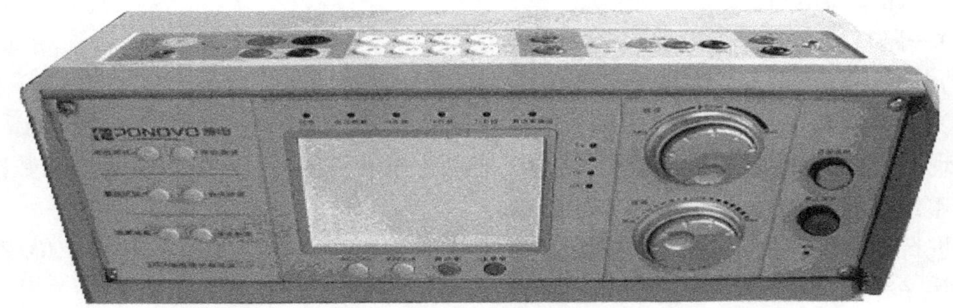

a)S40A三相继电保护测试仪

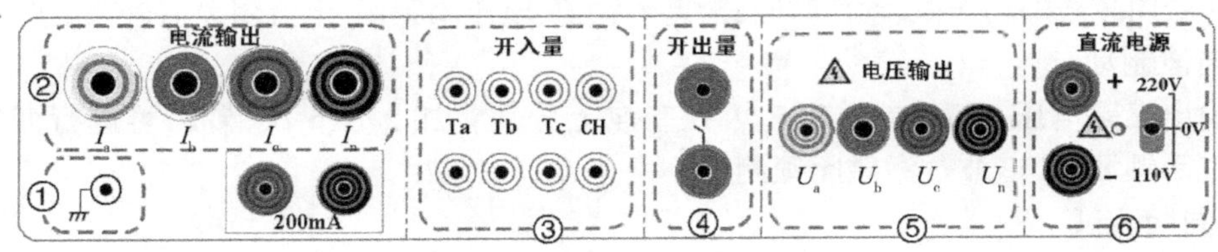

b) S40A三相继电保护测试仪插孔

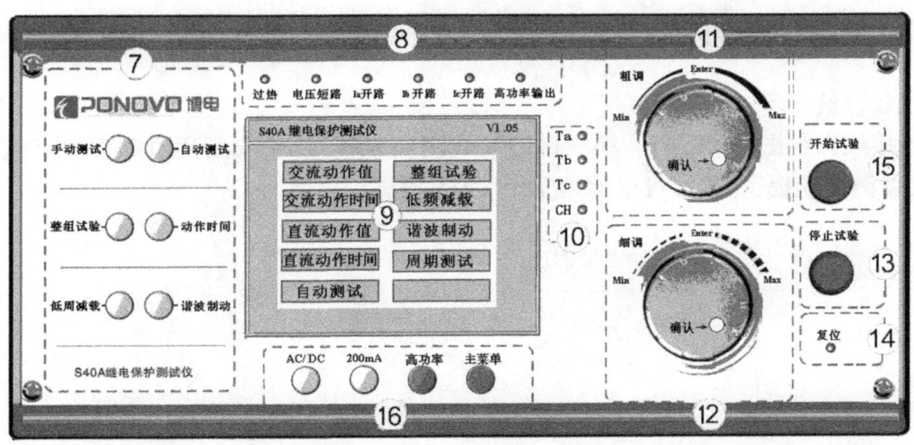

c)S40A三相继电保护测试仪面板

图 10-1 S40A 三相继电保护测试仪

2. S40A 测试功能

1) 手动测试

可输出三路交流电压、三路交流电流或一路直流电压、一路直流电流,实现交流量的幅值、相位或直流量的幅值按手动步长控制。

2)动作时间

提供两个状态,进入二态启动计时,可进行交、直流保护动作时间的测试。

3）自动测试

一次只能输出下列参数中的一种：

（1）三路交流电流；

（2）一路直流电流；

（3）从 U_ab 输出一路交流电压；

（4）从 U_ab 输出一路直流电压。

实现交、直流量的幅值自动按步长变化，自动记录动作值、返回值，计算返回系数。

4）整组试验

可进行线路保护的定值校验、逻辑校验、开关传动试验。提供 K_L，K_r 和 K_x，ZO/Z1 三种形式的零序补偿系数。

5）低周减载

可对低周减载的动作值、动作时间、滑差闭锁值、电压闭锁值、电流闭锁值进行定点测试。

6）谐波制动

可输出三路电压、一路电流 I_a，I_a 可在基波上分别叠加 2、3、5 次谐波，可进行变压器的谐波涌流闭锁测试、谐波过激磁闭锁测试。

7）同期测试

可设置 U_a，U_b 为不同的频率、幅值，实时显示 U_a、U_b 之间的相位差，可手动进行同期测试，记录同期合闸时的相位差。

二、电压继电器试验

1. 试验接线

试验接线图如图 10-2 所示，根据试验接线图完成接线，试验所用电压源、电流源、信号灯由 S40A 测试仪提供，信号灯电源内置于 S40A 测试仪内部。

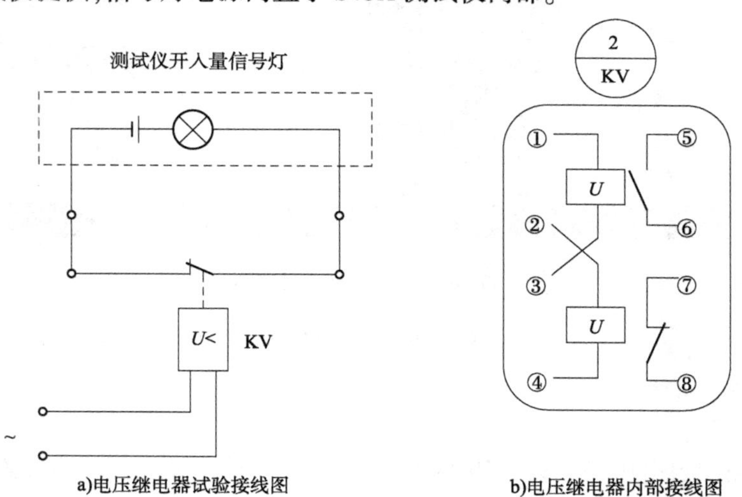

a)电压继电器试验接线图　　b)电压继电器内部接线图

图 10-2　电压继电器试验接线图

2. 电压继电器整定值的设置

按照表 10-1 对电压继电器整定值进行整定，并将电压继电器线圈接于 S40A 测试仪电压输出端,电压继电器常闭接点接于 S40A 测试仪 Tb 两端。

3. 试验步骤

1)手动测试电压继电器动作值、返回值

选择手动测试,进入 S40A 测试仪的交流动作值测试界面,设置模拟短路电压(可按单相考虑),一般初始值设为大于动作值的 20% 或 30%。

按下测试仪试验开始键,测试仪开始输出电压,调节旋钮“Enter”逐步减小电压值,为准确,越接近动作值调节速度越慢,直到测试仪显示动作值,然后逐步增大电压值直到测试仪显示出返回值,连续做三次计算出平均值,并按照平均值算出返回系数,将试验结果记录于表 10-1 中。

电压继电器试验结果记录表 表 10-1

电压继电器	刻度值	串联				并联			
		整定值	动作值	返回值	返回系数	整定值	动作值	返回值	返回系数
KV	45								

2)自动测试电压继电器动作值、返回值

进入自动测试界面,参照电压继电器整定值,设置界面各参数,始值应大于整定值 20%,终值应小于整定值 20% 以上。

4. 分析试验结果

电压继电器用什么接点出口发信号? Tb 灯什么时候亮? 什么时候灭? 为什么?

三、电流继电器的测试

1. 试验接线

试验接线图如图 10-3 所示,按图完成试验接线。

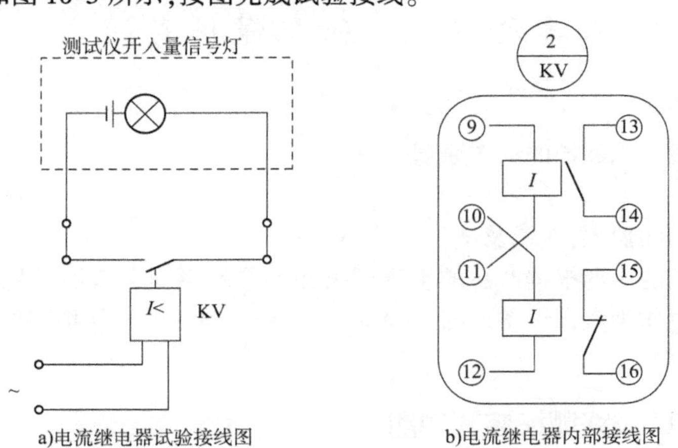

图 10-3 电流继电器试验接线图

2. 电流继电器整定值的设置

按照表 10-2 对电流继电器整定值进行整定,并将电流继电器线圈接于 S40A 测试仪电流输出端,电流继电器常开接点接于 S40A 测试仪 Ta 两端。

3. 试验步骤

1)手动测试电流继电器动作值、返回值

选择手动测试,进入 S40A 测试仪的交流动作值测试界面,设置模拟短路电流(可按单相考虑),一般初始值设为小于定值的 20%。

按下测试仪试验开始键,测试仪开始输出电流,调节旋钮"Enter"逐步增大电流值,为准确,越接近整定值调节速度越慢,直到 Ta 灯亮,测试仪显示出动作值,然后逐步减小电流值直到 Ta 灯灭,测试仪显示出返回值,连续做三次计算出平均值,并按照平均值算出返回系数,将结果填写于表 10-2 中。

电流继电器试验记录 表 10-2

<table>
<tr><td rowspan="2">电压继电器</td><td rowspan="2">刻度值</td><td colspan="4">串 联</td><td colspan="4">并 联</td></tr>
<tr><td>整定值</td><td>动作值</td><td>返回值</td><td>返回系数</td><td>整定值</td><td>动作值</td><td>返回值</td><td>返回系数</td></tr>
<tr><td rowspan="3">KA</td><td rowspan="3">0.8</td><td rowspan="3"></td><td></td><td></td><td rowspan="3"></td><td rowspan="3"></td><td></td><td></td><td rowspan="3"></td></tr>
<tr><td></td><td></td><td></td><td></td></tr>
<tr><td></td><td></td><td></td><td></td></tr>
</table>

注:时间继电器、中间继电器、信号继电器均可以采用类似的方法进行调试和试验,但一定要注意继电器的额定电压与额定电流值,以免设备损坏。同时可以开设低压启动过流保护试验、三段电流保护试验等。

2)自动测试电流继电器动作值、返回值

进入自动测试界面,参照电流继电器整定值,设置界面各参数,始值应小于整定值 20%,终值应大于整定值 20% 以上。

4. 分析试验结果

电流继电器用什么接点出口发信号?Ta 灯什么时候亮?什么时候灭?为什么?

想一想 返回系数应该在什么范围内比较合适?为什么不能太大,也不能太小?

单元 10.2 微机保护实训

实训目的

掌握线路三段电流保护的动作原理。

实训内容

三段电流保护的识图,接线及试验。

微机保护实训的内容根据产品的生产厂家和型号的不同会有所不同,这里以 PSL691U 线路保护测控装置作为实训设备。图 10-4 所示为 PSL691U 线路保护测控装置(简称保护装置)面板图。

一、PSL691U 线路测控装置功能

1. 三段式过流保护

当任一相电流大于定值时,经延时,装置跳闸。三段过流保护均可由控制字独立选择投入或退出,是否需要经复合电压启动,是否带方向。

注:第三段过电流保护投入后,在保护压板里还要选择本段保护是发告警信号还是发跳闸信号,否则第三段保护不动作。

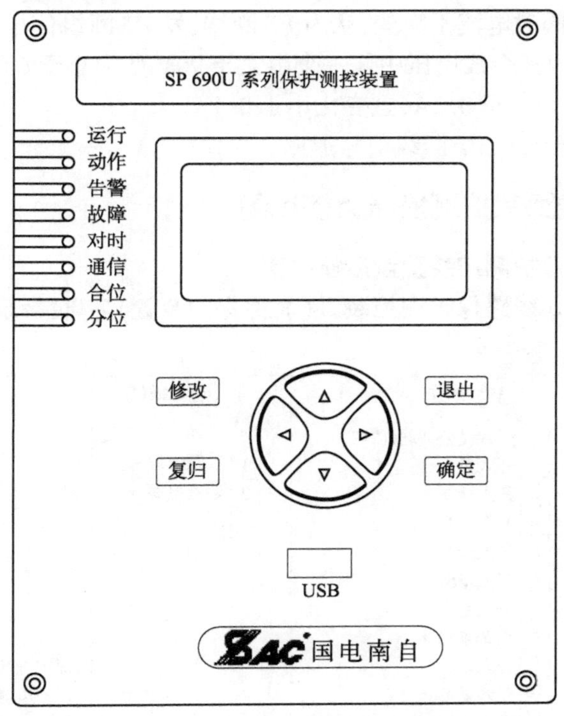

图10-4　PSL691U保护装置面板图

2. 过负荷告警

当任一相电流大于定值时,经延时,装置发告警信号。

3. 重合闸

当重合闸功能投入、开关在合位15s、弹簧未储能接点断开三个条件都满足时,重合闸充电完成(即重合闸准备好,可以进行重合)。重合闸充电完成后运行灯闪烁,如果重合闸未准备好,运行灯将长亮,不会闪烁。

重合闸充电完成后,一旦保护跳闸或开关偷跳,经过重合闸延时,重合闸启动。

重合闸启动10s后不能完成重合闸,则自动结束本次重合闸。

当手动跳闸,遥控跳闸,过负荷,低周减载或低压减载动作时,装置自动闭锁重合闸功能。

4. 小电流接地选线

当一次系统中性点不接地或经消弧线圈接地,可由本装置和主站共同完成小电流接地选线功能。

当系统发生单相接地故障时,本装置判断断路器处于合位且$3U_0$大于10V,产生$3U_0$越限告警。主站检测到$3U_0$越限告警后,调取各装置内记录的$3U_0$、$3I_0$采样,计算后给出接地点策略。

5. PT 断线告警

装置采用两种方法识别PT断线。

方法一:当三个线电压中最大与最小之差大于30V,延时3s,发PT断线信号;当三个线电压中最大与最小之差小于30V,且U_{ab}大于80V,PT断线信号返回。

方法二:电压突变同时电流不突变,认为PT断线,发PT断线信号。

电压突变:100ms内三个线电压中任一个由大于90V变为小于60V。

电流不突变:I_a、I_c均大于0.2A,且变化小于0.1A。

三个线电压都大于90V,PT断线信号返回。

二、PSL691U线路保护测控装置接线图

1. PSL691U线路保护测控装置盘后接线图

图10-5为PSL691U线路保护测控装置(简称保护装置)后部接线图,保护装置的引出线和引入线都要经过它。

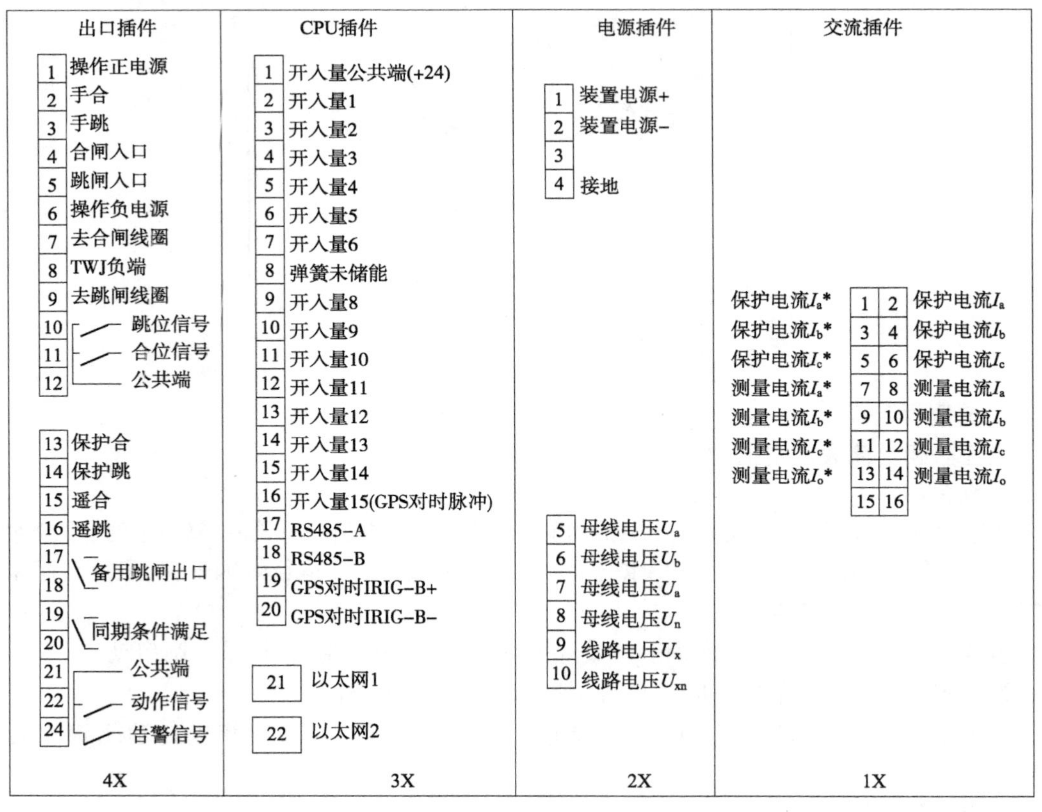

图10-5 PSL691U线路保护测控装置后部接线图

符号说明:

(1)“X”表示插件端子,“$1X_1$”表示第一号插件的第一个端子。

(2)1X:为交流插件,保护装置的交流电流采样回路;I_a^*、I_b^*、I_c^*为同名端。

(3)2X:为电源插件,保护装置的电压采样回路及装置直流工作电压,装置电压可以是220V或110V,但最好用220V,工作电压高,工作电流就小,装置工作更稳定。

(4)3X:为CPU插件,外界反馈给保护装置的所有信息及通信网络都要从此引入。

开入量表示需要从外界引入保护装置的信息,从开入量公共端可见,信息量可带的最高电压为24 V直流电。

(5)4X:4号出口插件;保护装置所有送出的信息从此端子输出。

2. PSL691U 线路保护测控装置盘后原理接线图

图10-6为保护装置盘后原理接线图,表明了保护装置与外部设备的接线。

(1)YMa、YMb、YMc、YMn 接线路电压互感器次边;可以由S40A测试仪电压回路提供。

(2)1X1~1X6:保护电流,接电流互感器次边,用于保护;可以由S40A测试仪电流回路提供。

(3)1X7~1X12:测量电流,接电流互感器次边,用于测量;可以由S40A测试仪电流回路提供。

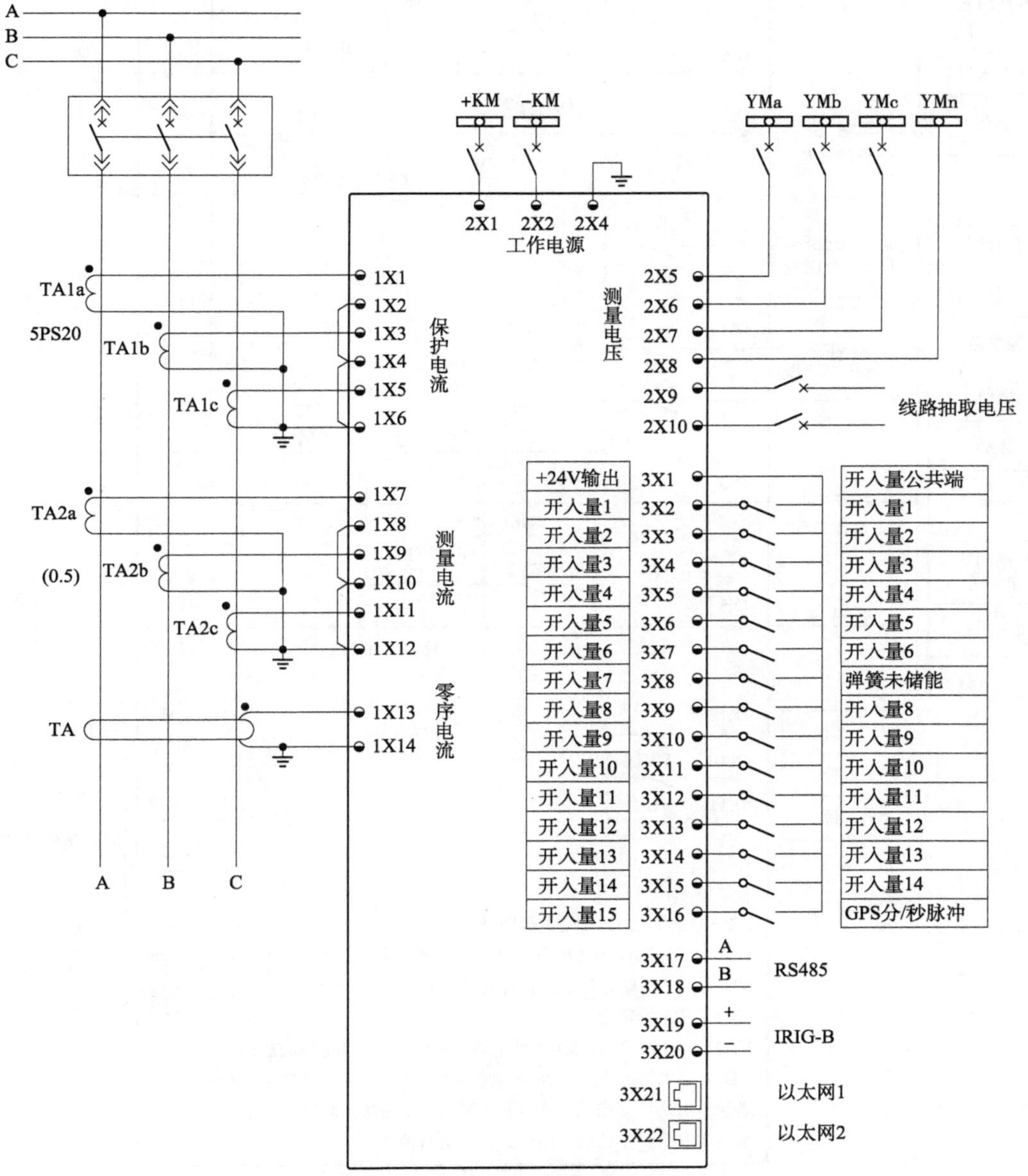

图10-6 PSL691U线路保护测控装置盘后原理接线图

(4)1X13～1X14:零序电流,接零序电流互感器次边;可以由 S40A 测试仪电流回路提供。

(5)工作电源:一般为直流 220 V 或直流 110V。

3. PSL691U 线路保护测控装置控制回路原理图

图 10-7 为保护装置控制回路图,它表明了保护装置与断路器控制回路的连接关系。

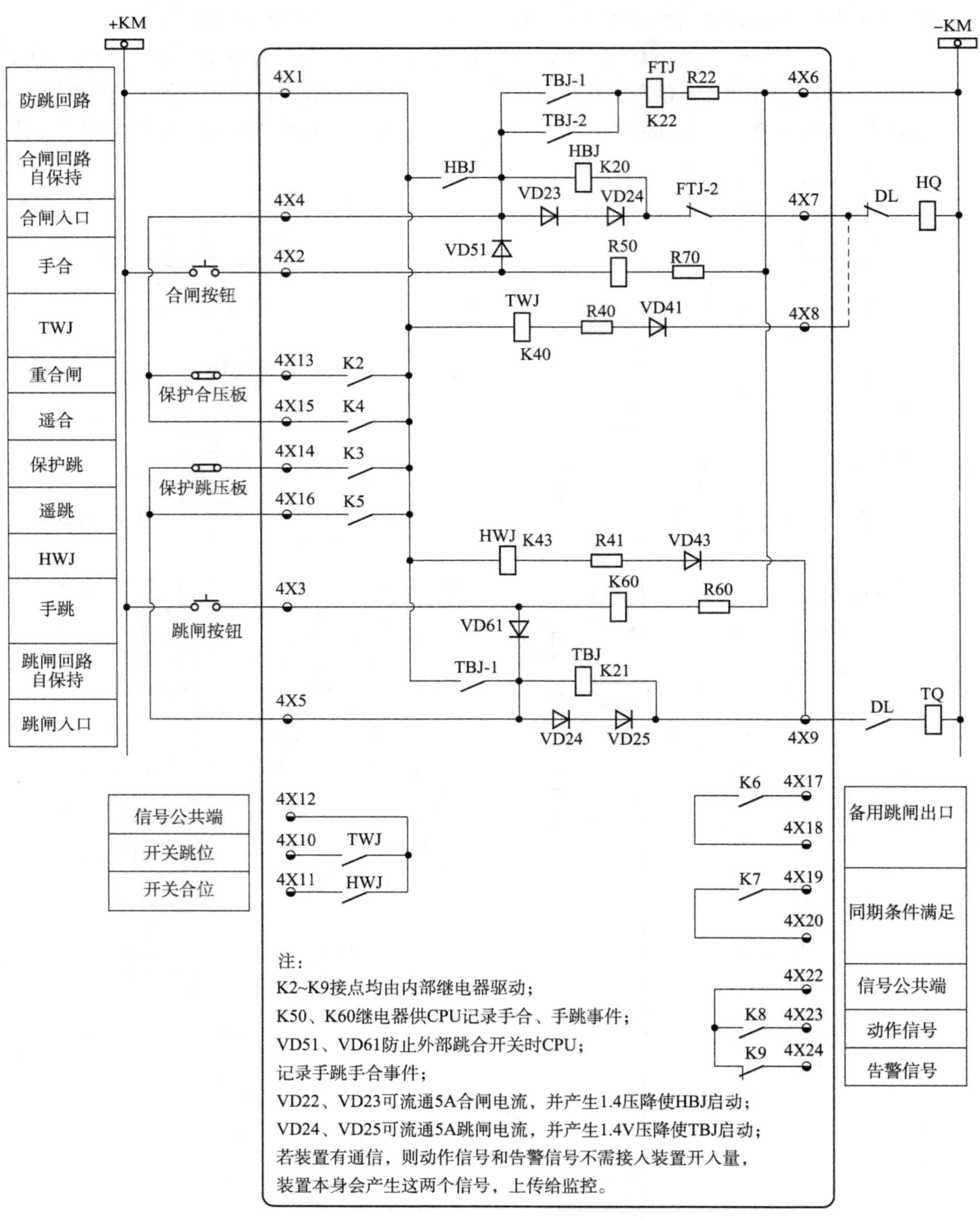

图 10-7　保护装置控制回路原理图

1)符号说明

DL:断路器;

VD:二极管;

TQ:断路器跳闸线圈;

HQ:合闸线圈;

K2:自动重合闸继电器;

K4:遥控合闸继电器;

HBJ:合闸保持继电器;

FTJ:防跳继电器;

TBJ:跳闸闭锁继电器与防跳继电器作用相同;

TWJ:跳闸位置继电器;

HWJ:合闸位置继电器;

K3:保护跳闸继电器;

K5:遥控跳闸继电器。

2)保护装置控制回路工作原理

(1)手动跳闸:按下跳闸按钮后,“ + ”→跳闸按钮→4X3→VD61→VD24→VD25→4X9→DL→TQ→“ - ”跳闸线圈受电,断路器跳闸。

(2)保护合闸:当保护装置接收到线路故障,断路器跳闸的信息后→重合闸启动→重合闸继电器 K2 动作→断路器合闸线圈 HQ 经“ + ”→ 4X1→ K2→ 4X13→ 4X4→VD23、VD24→FTJ2→HQ→“ - ”回路接通→断路器重合闸。

三、试验接线

按照图 10-7 正确接线,测试仪直流输出开关搬至 220V,将保护装置的 $4X_1 \sim 4X_{14}$ 接于测试仪的 Ta 两端,注意保护装置三相电流输入端要接成星星连接,即:I_a、I_b、I_c 的非“ * ”端要并联,接线完毕经老师复查无误后,合上电源。

四、三段式电流保护动作值和返回值的测定

三段过流保护所含内容如图 10-8 所示,每段保护的投入都要满足,保护压板投入和整定值投入。

1. 保护压板

由控制字中的保护压板独立选择投入或退出,是否需要经低压闭锁启动,是否带方向,也可独立退出。保护压板的投入可参看图 10-8。

2. 整定值投入

当任一相电流大于定值,经延时,保护装置跳闸。

动作值和返回值测定时只能各段单独测,其他段保护一律退出,否则不能正常测试。为减小误差每段保护的延时必须设为 0。

“保护压板”和“整定值”的关系是相“与”的关系。当保护投入时,需将两者同时投入;当保护退出时,只将“保护压板”退出即可。

3. 三段电流保护动作值的设置

在保护装置上进行设置:动作值、返回值测试时不能带延时。

Ⅰ段瞬时电流速断保护设置:动作电流为5A、动作时限为0s;

Ⅱ段限时电流速断保护设置:动作电流为3.5A、动作时限为0s;

Ⅲ段过电流保护设置:动作电流为2A、动作时限为0s,跳闸投入(跳闸投入可以从保护装置总出口继电器出口发出信号,告警投入只能在保护装置上发就地告警信号,不能出口接测试仪)。

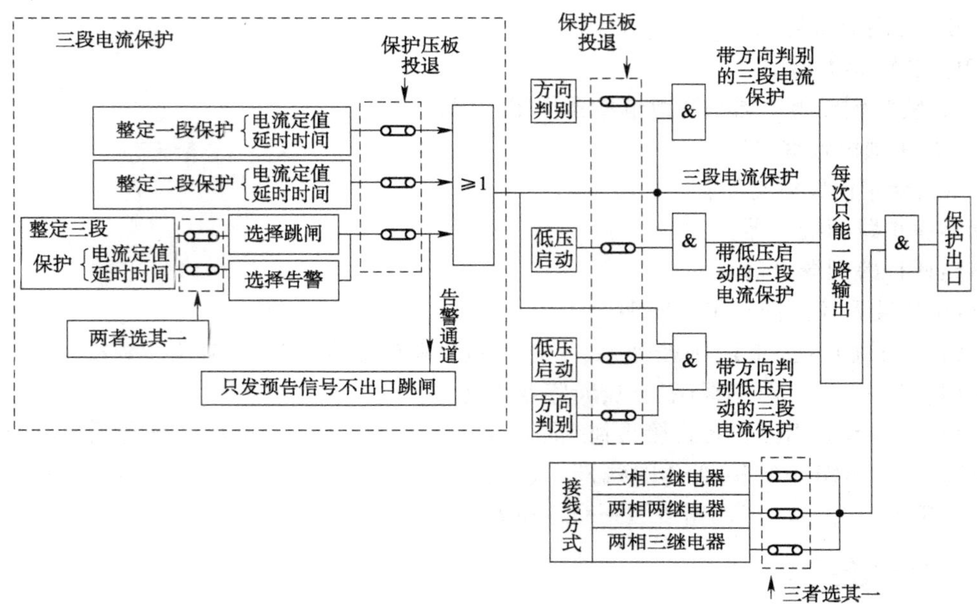

图10-8　三段式过流保护各段投退方框图

4. Ⅰ段瞬时电流速断保护动作值和返回值的测定

通过保护压板投入Ⅰ段,退出Ⅱ段、Ⅲ段电流保护。

1)手动测试

在测试仪上进行手动测试参数的设置,只设置交流电流,其他参数不用管。

(1)选中 I_{abc} 将三相电流设置在4A(此值要小于动作值);

(2)按下"开始试验"按钮→测试仪按设置值开始输出;

(3)旋转粗调、细调旋钮增大电流至保护动作接点翻转,测试仪记录动作值;

(4)旋转粗调、细调旋钮减小电流至保护返回,测试仪记录返回值。(注意接近动作值或返回值时要用细调慢慢调)

2)自动测试(注意:电压从 U_{ab} 输出)

电流保护设置不变,按下测试仪的"自动测试"键,进入自动测试状态,进行参数设置:

(1)变量选择:只能选择交流单相输出电流 I_a、I_b、I_c 或电压 U_{ab}(选择 I_{abc} 无法测定动作值、返回值)。

(2)动作值与返回值必须包含在变化始值和终值之间,所以变化始值小于返回值,变化终值大于动作值,电流保护Ⅰ段的返回值在4~5A之间。

(3)步长最小为0.1A,此值定小点,测量更准确,但测量时间会增长。

(4)每步时间最小0.1s,此值选大了,变量每变化一次的时间间隔会延长,选得太小,测量仪可能反应不过来,增加测量误差。

5. Ⅱ段限时电流速断保护动作值和返回值的测定

通过保护压板将Ⅰ段、Ⅲ段电流保护退出,Ⅱ段电流保护投入。

测量方法同于Ⅰ段,保护按照Ⅱ段参数动作。

6. Ⅲ电流保护动作值和返回值的测定

通过保护压板将Ⅰ段、Ⅱ段电流保护退出,Ⅲ段电流保护投入。

测量方法同于Ⅰ段。保护按照Ⅲ段参数动作。

将三段电流保护各段手动测试结果填于表10-3中,并写出返回系数公式。

手动测试结果 表10-3

保护类型	整定值	动作值	返回值
瞬时电流速断保护(Ⅰ段)			
限时电流速断保护(Ⅱ段)			
过电流保护动作时间(Ⅲ段)			

将三段电流保护各段自动测试结果填于表10-4中。

自动测试结果 表10-4

保护类型	变化始值	变化终止	每步步长	每步时间(s)	动作值	返回值
瞬时电流速断保护(Ⅰ段)				1		
限时电流速断保护(Ⅱ段)				1		
过电流保护动作时间(Ⅲ段)				1		

五、三段电流保护动作时间的测试

1. 三段电流保护参数设置

测量时间一定要把各段应该具有的延时加上。

Ⅰ段设置:动作电流为5A、动作时限为0s;

Ⅱ段设置:动作电流为3.5A、动作时限为0.5s;

Ⅲ段设置:动作电流为2A、动作时限为1s。

2. Ⅰ段瞬时电流速断保护动作时间的测定

(1)通过保护压板只投入Ⅰ段电流保护。

(2)测试仪进入交流动作时间测试界面设置动作输出参数,第一种状态设置为小于动作值(电流可设为零),第二种状态设置为让保护可靠动作的值6A;只选择一相,做完后再选下一相。电压和角度可按照原始状态不动。

(3)按下“开始试验”键,待测试仪显示“输出第一种状态”后再按下“Enter”键,测试仪输出第二种状态,开始测试时间,保护动作完毕停止测试,记载的时间为保护启动到保护出口的时间。

3. Ⅱ段限时电流速断保护动作时间的测定

(1)通过保护压板只投入Ⅱ段电流保护。

(2)测试方法同于Ⅰ段测试。

4. Ⅲ段过电流保护动作时间的测定

(1)通过保护压板只投入Ⅲ段电流保护,将过流三段跳闸投入(告警信号只在保护装置内有显示,不输出信号)。

(2)测试方法同于Ⅰ段测试。

将时间测试的第一状态和第二状态电流值填于表10-5中,将各保护动作时间记录于表10-6中。

交流动作时间测试参数设置 表10-5

保护类型	第一状态电流			第二状态电流		
	a	I_b	I_c	I_a	I_b	I_c
瞬时电流速断保护Ⅰ段						
限时电流速断保护Ⅱ段						
过电流保护动作时间Ⅲ段						

动作时限测试值 表10-6

保护类型	动作时限定值	实测动作时间
瞬时电流速断保护(Ⅰ段)		
限时电流速断保护(Ⅱ段)		
过电流保护动作时间(Ⅲ段)		

六、三段电流保护动作时限的配合

(1)三段电流保护参数的设置。

Ⅰ段设置:动作电流为6A、动作时限为0s;

Ⅱ段设置:动作电流为4A、动作时限为1s;

Ⅲ段设置:动作电流为2A、动作时限为2s。

(2)通过保护压板将三段电流保护全部投入。

(3)按下测试仪上的“手动测试”键,进入手动测试的交流动作值测试界面。

(4)测试仪参数设置:设置I_{abc}为3A;按下“开始试验”键,保护动作后在保护装置上查看哪些保护动作。

(5)测试仪参数设置:设置I_{abc}为5A;按下“开始试验”键,保护动作后在保护装置上查看哪些保护动作。

(6)测试仪参数设置:设置I_{abc}为7A;按下“开始试验”键,保护动作后在保护装置上查看哪些保护动作。

(7)分析试验结果。

参考文献

[1] 于松伟,杨兴山,韩连祥,等.城市轨道交通供电系统设计原理与应用[M].成都:西南交通大学出版社,2008.

[2] 施仲衡.地下铁道设计与施工[M].西安:陕西科学技术出版社,2006.

[3] 贺威俊,高仕斌.轨道交通牵引供变电技术[M].成都:西南交通大学出版社,2011.

[4] 黄德胜,张巍.地下铁道供电[M].北京:中国电力出版社,2009.

[5] 陈丽华,李学武.城市轨道交通供电系统继电保护[M].北京:科学出版社, 2014.

[6] 谭秀炳.继电保护[M].成都:西南交通大学出版社,2007.

[7] 贺家李,宋从矩.电力系统继电保护原理(增订版)[M].北京:中国电力出版社,2004.

[8] 王艇.地铁直流牵引供电保护技术与系统实现[D].镇江:江苏大学,2006.

[9] 张希泰,陈康龙.二次回路识图及故障查找与处理指南[M].北京:中国水利出版社,2005.

[10] 张方庆.工厂常用电气设备运行与维护[M].北京:中国电力出版社,2009.

[11] 柯志敏,索娜.继电保护基础[M].北京:北京交通大学出版社,2010.

[12] 许建安,连晶晶.继电保护技术[M].北京:中国水利出版社,2004.

[13] 马玲.继电保护与测控技术[M].北京:中国铁道出版社,2011.